¿POR QUÉ SOÑAMOS?

RAHUL JANDIAL

¿POR QUÉ SOÑAMOS?

Descubre en tus sueños las claves para mejorar tu rendimiento, creatividad y bienestar

Autoconocimiento

DIANA

Obra editada en colaboración con Editorial Planeta – España

Título original: *This Is Why You Dream*

© Rahul Jandial 2024
Publicado por primera vez como *This Is Why You Dream* en 2024 por Cornerstone Press, un sello de
Cornerstone. Cornerstone forma parte del grupo de empresas Penguin Random House

© de la traducción, Montserrat Asensio, 2025
Maquetación: Realización Planeta

© 2025, Editorial Planeta, S.A. – Barcelona, España

Derechos reservados

© 2025, Editorial Planeta Mexicana, S.A. de C.V.
Bajo el sello editorial DIANA M.R.
Avenida Presidente Masarik núm. 111,
Piso 2, Polanco V Sección, Miguel Hidalgo
C.P. 11560, Ciudad de México
www.planetadelibros.com.mx

Primera edición impresa en España: abril de 2025
ISBN: 978-84-1119-237-8

Primera edición impresa en México: junio de 2025
ISBN: 978-607-39-2836-6

Impreso en los talleres de Corporación en Servicios
Integrales de Asesoría Profesional, S.A. de C.V.,
Calle E # 6, Parque Industrial
Puebla 2000, C.P. 72225, Puebla, Pue.
Impreso y hecho en México / *Printed in Mexico*

A papá, que me enseñó a pensar

ÍNDICE

Introducción
Nuestra dosis nocturna de asombro

Me he pasado la vida inmerso en el cerebro. Soy neurocirujano y neurocientífico y llevo a cabo intervenciones quirúrgicas en el cerebro de pacientes con cáncer y otras enfermedades. También dirijo un laboratorio de investigación. Es imposible dedicar tanto tiempo a tratar y a estudiar el cerebro y no quedar maravillado ante él. Cuanto más descubro, más me fascina. Diría que me apasiona, incluso.

El cerebro es infinitamente complejo y cuenta con miles de millones de neuronas que establecen billones de conexiones entre ellas. Sin embargo, hay una característica de la mente que ha captado mi atención como ninguna otra a lo largo de mi viaje de descubrimiento: los sueños. Durante muchos años, he buscado las respuestas a preguntas fundamentales, como: ¿por qué soñamos?, ¿cómo soñamos? y, quizás la más importante de todas, ¿qué significan los sueños? Es una búsqueda que muchos otros han emprendido también.

Los sueños siempre han sido objeto de fascinación y han capturado la atención de los principales pensadores de la humanidad, desde los antiguos egipcios y Aristóteles a Charles

Dickens o Maya Angelou, desde el director de cine Christo-
pher Nolan y el activista Nelson Mandela al asesinado rapero
de Brooklyn Notorious B.I.G. Los sueños inspiran la innova-
ción y el arte, la medicina y la psicología, la religión y la filoso-
fía. Se han entendido como presagios, mensajes de los dioses o
del subconsciente, del alma y del yo, de ángeles y de demonios.
Han cambiado el curso de la vida de personas y de la historia
del mundo, han inspirado propuestas de matrimonio y nego-
cios, letras de canciones y avances científicos, y han desencadenado invasiones militares y crisis nerviosas.

Los sueños cautivan, asustan, emocionan e inspiran porque
son reales y, al mismo tiempo, surrealistas. Creamos nuestros
propios sueños, pero también somos participantes indefensos
en nuestras propias creaciones descabelladas. Los sueños emergen de nuestro interior y, al mismo tiempo, parecen ajenos a
nosotros, como películas domésticas que nosotros mismos hemos conjurado, pero que escapan a las leyes del tiempo y de la
naturaleza, unas películas tan íntimas como inmunes a nuestro
control.

Tal y como escribió el poeta británico lord Byron:

> [...] el sueño tiene un mundo propio
> y un extenso dominio salvaje y realista.
> El sueño revelado respira con su aliento
> lágrimas y torturas tocadas de alegría
> que aligeran su peso cuando nos despertamos
> quitándonos el peso de luchas y fatigas.[1]

Dado lo inconexos e ilógicos que acostumbran a parecer
los sueños, es normal que cueste entender que las lágrimas,
torturas y alegrías que imaginamos en sueños revelen demasia-

do de nosotros en la vida real. Sin embargo, a lo largo del tiempo, plasman una imagen vívida de cómo nos vemos a nosotros mismos y al mundo. Iluminan nuestra naturaleza, intereses y preocupaciones más profundas. En este sentido, somos lo que soñamos y lo que soñamos es lo que somos.

Por misteriosa que pueda parecer la creación de los sueños, su origen no es un misterio en absoluto. El cerebro vibra de electricidad, y ondas de corrientes eléctricas recorren el cerebro desde el primero hasta el último instante de nuestra vida. Los sueños son un producto de la electrofisiología normal del cerebro y de la extraordinaria transformación que sufre cada noche mientras dormimos, al son de los ritmos circadianos (los ciclos día-noche) que rigen biológicamente la vida.

No deberíamos desdeñar los sueños solo porque ocurran mientras dormimos o porque carezcan de la lógica que rige nuestras horas de vigilia. Soñar es distinto a pensar. Y es esa extravagancia lo que explica, precisamente, el potencial transformador de los sueños. Los grandes avances en el arte, el diseño y la moda se basan en el tipo de pensamiento divergente que ocurre de forma natural durante el sueño, y es la cultura, el lenguaje y la creatividad lo que ha permitido a la humanidad prosperar mucho más allá de nuestra evolución física. Soñar está en el centro de todo ello.

En la actualidad, cuando se habla de «soñar» se puede estar hablando de muchas cosas distintas: de ambición, de una idea, de una fantasía o de las vívidas narrativas que se generan durante el sueño. La neurociencia está demostrando que los límites entre el sueño y la vigilia no son tan claros como se pensaba hasta ahora. Los sueños nos pueden ayudar a resolver problemas, a aprender a tocar un instrumento musical, a hablar un idioma extranjero, a hacer un movimiento de danza nuevo o a practicar un deporte; nos envían señales sobre nuestra salud y emiten predicciones acerca del futuro. Los sueños pueden enriquecer nuestra experiencia espiritual. Los sueños pueden moldear la mente e influyen en nuestra jornada, aunque no los recordamos al despertar. Podemos aprender a recordar sueños, a preparar su contenido e incluso a controlarlos durante lo que se conoce como *sueños lúcidos*. Aún más importante: los sueños nos ofrecen el mayor de los regalos, el del autoconocimiento. Interpretarlos permite entender nuestra experiencia y explorar la vida emocional de maneras nuevas y profundas.

Los sueños son una forma de cognición muy escurridiza. Dado que los experimentamos a solas y aislados del mundo, son una experiencia subjetiva presenciada por un público compuesto por una sola persona; entonces, es muy probable que la mayor parte de los sueños quede fuera del alcance de las pruebas experimentales o científicas. He hecho lo posible para plasmar en este libro el estado actual de todo lo que sabemos acerca de los sueños y del proceso de soñar, y he incluido algunos puntos acerca de los que la comunidad científica no se pone de acuerdo o se muestra insegura. Este libro también recoge teorías que he desarrollado yo mismo a partir de la investigación más reciente y de lo que sé acerca del cerebro. En última instancia, este libro es una síntesis de información procedente de varias disciplinas. Es el producto de un gran esfuerzo y de una humildad aún mayor.

Antes de comenzar, detengámonos unos instantes y reflexionemos acerca de lo mágico que es soñar. Cuando soñamos, trascendemos nuestro cuerpo físico. No somos conscientes de que estamos acostados en la cama; de hecho, ni siquiera somos conscientes de que estamos acostados, sea donde sea. Tenemos los ojos cerrados, pero vemos. El cuerpo está paralizado, pero caminamos, corremos, conducimos automóviles y volamos. Estamos en silencio, pero mantenemos conversaciones con personas a las que conocemos y amamos, con vivos, con muertos y con personas a las que no hemos visto nunca. Existimos en el presente, pero podemos retroceder al pasado o avanzar hacia el futuro. Estamos en un lugar, pero viajamos a otros en los que no hemos puesto el pie desde hace años o que solo existen en nuestra imaginación. Habitamos un mundo que hemos creado por completo. Un mundo que puede ser trascendente. Los sueños son nuestra dosis nocturna de asombro.

1

Hemos evolucionado para soñar

Durante las intervenciones con el paciente despierto en el quirófano de neurocirugía, uso un instrumento con aspecto de lápiz para administrar diminutas descargas eléctricas directamente en el cerebro. La ondulada superficie cerebral está expuesta, brillante y opalescente, salpicada de arterias y venas. El paciente está consciente y alerta, pero no siente dolor alguno porque el cerebro carece de receptores del dolor. Sin embargo, la electricidad ejerce su efecto. Cada cerebro es único y algunos de los puntos que toco cobran vida. Si toco un punto, el paciente reporta un recuerdo de infancia. Si toco otro, el paciente refiere que huele a limón. Si toco otro diferente, el paciente explica que siente tristeza, vergüenza o incluso deseo.

El objetivo de intervenir con el paciente despierto es encontrar los puntos exactos en los que la descarga eléctrica no produce efecto alguno. Esos son los puntos donde es seguro cortar el tejido superficial para llegar al tumor que yace debajo. Cuando la microdescarga eléctrica no produce ninguna respuesta, sé que diseccionar ahí no provocará daños funcionales.

Con la estimulación metódica y milímetro a milímetro de la capa más externa del cerebro (la corteza) en estas intervenciones con el paciente despierto, he desatado experiencias peculiares y profundas en las personas tendidas sobre la camilla. A veces, son tan potentes que me piden que pare y debo interrumpir la intervención durante unos instantes. Aunque la corteza cerebral apenas alcanza los cinco milímetros de grosor, alberga la mayoría de lo que nos hace ser quienes somos: lenguaje, percepción, memoria y pensamiento. La diminuta descarga eléctrica puede hacer que el paciente oiga sonidos, recuerde situaciones traumáticas, experimente emociones profundas... o sueñe.

De hecho, la estimulación eléctrica puede desencadenar pesadillas. Interrumpir la corriente de la sonda eléctrica sobre un pliegue concreto de la superficie cerebral interrumpe la pesadilla. Reanudar la descarga reinicia al instante la misma pesadilla. Ahora se sabe que las pesadillas recurrentes son bucles autoperpetuados de actividad neuronal que reproducen una y otra vez la experiencia terrorífica.

Y así es como mi profesión ha respondido sin margen de duda a una de las primeras preguntas de la humanidad: ¿de dónde vienen los sueños? Puedo afirmar con absoluta certeza que vienen del cerebro y, más concretamente, de su actividad eléctrica.

Este conocimiento básico acerca del verdadero origen de los sueños se nos escapaba desde hacía mucho. Durante la mayor parte de la historia humana, los sueños fueron mensajes de dioses, demonios o antepasados, si no era información a la que el alma accedía cuando vagaba por la noche. El último sitio del que se imaginaba que podían surgir los sueños era la carne aparentemente inactiva que alberga el cráneo. Se creía que, durante el sueño, la mente quedaba aletargada y se convertía en un recipiente pasivo. Tampoco se pensaba que los sueños fueran producto del acto de dormir. ¿Cómo podían serlo? ¿Cómo era posible que el cerebro, desconectado de las señales del mundo que nos rodea, fuera el origen de semejante brillantez nocturna? El origen de los sueños tenía que ser algo mucho mayor que nosotros, algo más allá de nosotros.

Por supuesto, ahora sabemos que la electricidad es el motor de toda la conciencia, incluidos los sueños. Y resulta que el cerebro está tan activo durante el sueño como durante la vigilia. De hecho, la intensidad y los patrones eléctricos que se miden durante fases determinadas del sueño son casi idénticos a los que se obtienen mientras estamos despiertos. Es más, algunas regiones cerebrales consumen más energía mientras soñamos que mientras estamos despiertos, algo especialmente cierto si hablamos de los centros emocionales y visuales del cerebro. Mientras que, cuando estamos despiertos, el cerebro ajusta la actividad metabólica entre un 3 y un 4% al alza o a la baja en el sistema límbico (emocional), mientras soñamos lo puede activar hasta en un asombroso 15%. Esto significa que los sueños pueden alcanzar una intensidad emocional que no es biológicamente posible cuando estamos despiertos. En el fondo, nunca estamos más vivos que cuando soñamos.

Cuando soñamos, la mente vibra de actividad cerebral: vemos nítidamente, sentimos profundamente y nos movemos con libertad. Los sueños nos afectan intensamente, porque los experimentamos como reales. Fisiológicamente hablando, la alegría que experimentamos soñando no es distinta a la que sentimos cuando estamos despiertos, y lo mismo sucede con el terror, la frustración, la excitación sexual, la ira o el miedo. Si las experiencias físicas de los sueños también parecen reales, es por algo. Cuando soñamos que corremos, se activa la corteza motora, la misma región cerebral que usaríamos si estuviéramos corriendo de verdad. Si soñamos que un amante nos acaricia, la corteza sensorial se estimula exactamente igual que si estuviéramos despiertos. Visualizar el recuerdo de un lugar en el que vivimos en el pasado activa los lóbulos occipitales, la región responsable de la percepción visual.

Hay personas que afirman que no sueñan jamás. En realidad, todos soñamos, pero no todos recordamos los sueños. Soñar no es algo que decidamos hacer. Es algo que necesitamos hacer. Si no hemos dormido bien, lo primero que recuperamos cuando volvemos a dormir son los sueños. Si hemos dormido lo suficiente, pero no hemos soñado, empezaremos a soñar en cuanto conciliemos el sueño. Los sueños pueden aparecer incluso cuando dormir es imposible. La necesidad de soñar es tan imperiosa que, en las personas que sufren insomnio familiar fatal, una enfermedad genética rara y letal que imposibilita el sueño, los sueños aparecen incluso en las horas de vigilia. Soñar es esencial.

Durante décadas, los investigadores que estudiaban el sueño se centraron exclusivamente en una de sus fases, la de los movimientos oculares rápidos, o REM. Concluyeron que, de noche, mientras dormimos, soñamos durante unas dos horas, más o menos. Si haces los cálculos, eso significa que pasamos una duodécima parte de nuestra vida soñando; un mes de cada año de vida. Eso es una inversión de tiempo enorme. Y es más que posible que también sea una enorme subestimación. Ahora los investigadores en laboratorios del sueño despiertan a los participantes en los estudios a distintas horas de la noche, y no solo durante el sueño REM, y están descubriendo que es posible soñar en cualquier fase del sueño. Esto significa que es muy probable que nos pasemos hasta una tercera parte de la vida soñando.

Últimamente se habla mucho de la necesidad de dormir para estar sanos, pero los hallazgos como el que acabo de comentar hacen que me pregunte si, quizás, lo que necesitamos no sea tanto dormir como soñar.

El origen de la mente soñadora

Los sueños son una forma de actividad mental que no requiere estímulos externos. No aparecen como respuesta a imágenes, sonidos, olores o sensaciones, sino que llegan de forma automática y sin esfuerzo. Para ver cómo es eso posible, examinemos microscópicamente el cerebro y comencemos por la unidad básica del pensamiento: la neurona.

Las neuronas establecen en el cerebro conexiones eléctricas que, a su vez, producen todo el pensamiento. Cuando soñamos, las neuronas disparan miles de veces por segundo colectivamente. Las neuronas son muy delicadas. Son tan delicadas que todas y cada una de ellas necesitan de la protección del líquido cefalorraquídeo, que también permite la conductividad eléctrica. Además, el líquido cefalorraquídeo es rico en nutrientes y iones que hacen de las neuronas una especie de batería viva lista para descargar electricidad en cualquier momento.

En mi laboratorio, como en laboratorios de todo el mundo, podemos diseccionar tejido cerebral hasta reducirlo a una sola célula o neurona. Una sola neurona depositada en una placa de Petri está viva, pero inactiva. Sin embargo, la escena cambia por completo si se añaden algunas neuronas más. Se unirán por sí solas. Y luego harán algo extraordinario. Se empezarán a enviar cargas eléctricas infinitesimales y se electrificarán. Lo más sorprendente de todo es que no necesitan estimulación ni orden alguna. No reciben estímulos externos, pero vibran de electricidad. Esta asombrosa interacción recibe el nombre de *actividad eléctrica no dependiente de estímulos*.

Lo mismo sucede con el cerebro en su conjunto, con sus cien mil millones de neuronas y sus cien mil millones de células de apoyo. No esperan ociosas a que el mundo las estimule o las provoque, sino que cuentan con sus propias ondas de actividad eléctrica que fluyen por el cerebro incluso en ausencia de cualquier estímulo. Esto recibe el nombre de *cognición no dependiente de estímulos* y explica por qué conservamos la capacidad de pensar incluso si nos aislamos del mundo exterior. Es lo que sucede cuando soñamos: la mente no recibe estímulos externos, pero permanece activa. De todos modos, para que podamos experimentar la extraordinaria narrativa visual de los sueños antes deben pasar tres cosas.

La primera es que el cuerpo debe quedar paralizado. El cuerpo libera glicina y ácido gamma-aminobutírico (GABA), dos neurotransmisores que desconectan las neuronas motoras, unas células especializadas que moran en la médula espinal y que activan los músculos. De otro modo, llevaríamos a cabo aquello que soñamos.

El segundo requisito para que podamos soñar es la desconexión de la red ejecutiva, que cuenta en los dos hemisferios cerebrales con estructuras que median la lógica, el orden y la comprobación de la realidad. Cuando la red ejecutiva está desconectada, podemos desatender las normas habituales del tiempo, el espacio y la razón. Y, como dejamos temporalmente a un lado la razón y la lógica, también podemos aceptar los argumentos de los sueños, sin cuestionarlos por improbables que resulten. Es lo que da a los sueños su potencia y su carácter único.

Lo tercero que sucede cuando soñamos es que dirigimos la atención hacia dentro. Cuando esto sucede, activamos partes del cerebro muy distintas y dispersas a las que, en conjunto, se conoce como *red neuronal por defecto* (RND). Sin embargo, este nombre puede dar lugar a malentendidos, porque esta red es de todo menos pasiva o por defecto y, por eso, en el libro me referiré a estas regiones cerebrales asociadas como «red imaginativa», un nombre alternativo que algunos ya usan en la comunidad científica, debido a la relación entre esta red neuronal y el pensamiento imaginativo.

Cuando estamos despiertos pero no tenemos la mente enfocada en una tarea o actividad, esta no se queda en blanco, como una computadora con la pantalla vacía, en la que solo aparece el cursor parpadeando a la espera de un comando. Muy al contrario, el cerebro pasa de forma natural de la red ejecutiva a la red imaginativa y, de este modo, pasa de enfocar la atención hacia el exterior a dirigirla hacia el interior. Una vez activada la red imaginativa, la mente divaga libremente y recorre senderos que, con frecuencia, conducen a descubrimientos inesperados. Cuando el mundo exterior no merece nuestra atención, las regiones cerebrales que componen la red imaginativa toman las riendas.

La red ejecutiva y la red imaginativa se van alternando el timón de la mente durante nuestra vida cotidiana. Ahora mismo, mientras lees estas palabras, es la red ejecutiva la que lleva las riendas. Sin embargo, la red imaginativa no ha desaparecido. Quiere dar un paso adelante y espera a una pausa en las tareas que ocupan a la red ejecutiva. Cuando eso ocurre, nuestra atención se dirige hacia dentro y la red imaginativa se activa. Cuando la red imaginativa se activa y ocupa el escalafón superior de la jerarquía cognitiva, busca asociaciones indirectas en la memoria, conexiones improbables unidas por el más tenue de los hilos, y visualiza simulaciones y escenarios imaginados. Estos pueden llegar a ser tan descabellados o inverosímiles que, con frecuencia, el cerebro racional los descarta directamente cuando la red ejecutiva vuelve a estar al mando. Gracias a la red imaginativa, el cerebro soñador no conoce límites y llega a donde el cerebro despierto no puede llegar ni ahora ni nunca.

La red imaginativa es crucial para la experiencia de soñar. Nos permite «ver» en ausencia de información visual procedente del mundo exterior. De hecho, si se prende una luz frente a los ojos de alguien que está soñando, no la verá. Cuando soñamos, es como ver una película en un cine a oscuras. Con toda seguridad, eso explica por qué los griegos antiguos hablaban de soñar como de «ver» un sueño y no como «tener» un sueño.

La activación de la red imaginativa da lugar al pensamiento espontáneo. Al igual que las neuronas se agrupan en la placa de Petri y cobran vida y emiten actividad eléctrica sin ningún estímulo externo, el cerebro que sueña bulle de actividad eléctrica, a pesar de estar fundamentalmente aislado del mundo que lo rodea. Por eso se dice que la red imaginativa es como la energía oscura del cerebro. Crea algo de la nada, fabula desde el vacío.

Edward F. Pace-Schott, profesor de psiquiatría en la Facultad de Medicina de Harvard, describió la red imaginativa como un instinto narrativo básico, porque transforma recuerdos, personajes, conocimiento y emoción en narrativas coherentes.[1] Estas historias fluyen con libertad y surgen de la nada, pero, sin embargo, están cargadas de significado. Cuando el cerebro se topa con un vacío en la realidad, crea una narrativa coherente para llenarlo. Los pacientes con ciertos tipos de amnesia hacen lo mismo. En lugar de decir que no recuerdan algo cuando se les hace una pregunta respecto a uno de esos vacíos de memoria, se inventan la respuesta. Las personas con alzhéimer también lo hacen a veces.

La red imaginativa impulsa las narrativas de los sueños, que fluyen sin dificultad. Aunque somos los creadores de nuestros propios sueños, casi nunca tenemos la experiencia de ser capaces de dirigir lo que en ellos ocurre. En este sentido, somos más los protagonistas que los directores de la película. Sin embargo, no deberíamos confundir esta situación con estar en un estado disociativo, flotando sobre la narrativa onírica y al margen de ella. La experiencia se parece más a estar al volante de un automóvil que no controlamos. Somos los protagonistas de lo que soñamos y habitamos plenamente la experiencia del sueño, pero no marcamos conscientemente la dirección a la que nos dirige.

Cuando soñamos, estamos plenamente encarnados en el sueño y nos diferenciamos con claridad de los otros personajes que aparecen en escena. El yo soñado tiene una presencia física. Esto no significa que el cuerpo con el que nos soñamos sea necesariamente el mismo que habitamos cuando estamos despiertos. El cuerpo en el que nos soñamos puede ser más joven, más mayor o incluso del sexo contrario. También tenemos la sensación de ser distintos al resto de las personas del sueño, por mucho que todas las que aparecen sean producto de nuestra imaginación.

En nuestros sueños tejemos una narrativa a partir de recuerdos inconexos, y nuestro yo soñado actúa y reacciona ante ella. Es una producción fantástica. Es muy posible que respondamos de maneras distintas a las que responderíamos de estar despiertos. Quizás seamos más fuertes o débiles, más asertivos o más pasivos. En este sentido, se podría decir que tenemos un yo despierto y un yo (o yoes) soñado.

De todos modos, ¿cuán único es el cerebro que sueña? Al fin y al cabo, también somos los protagonistas de nuestras ensoñaciones diurnas. Al igual que cuando soñamos por la noche, decimos que soñamos despiertos cuando imaginamos situaciones hipotéticas y la mente salta de un tema a otro, a tiempos y a lugares distintos. Sin embargo, el de soñar despiertos es un proceso distinto. Las ensoñaciones diurnas se componen de pensamientos dirigidos: ¿No sería estupendo ir de vacaciones a Hawái? ¿Qué pasaría si dejara el trabajo?

¿Y qué hay de las drogas psicodélicas? También producen lo que con frecuencia se describe como una experiencia onírica, pero tampoco esto es lo mismo que soñar. En realidad, las drogas psicodélicas inhiben la actividad de la red imaginativa, a diferencia de lo que sucede mientras el cerebro sueña, cuando está hiperactiva. Y, a diferencia de lo que sucede durante el sueño, cuando el soñador es el protagonista de lo que sucede, la experiencia psicodélica es desencarnada y disociativa.

La divagación mental sería el único estado de vigilia que se solapa parcialmente con soñar. Cuando la mente vaga sin rumbo, surge un pensamiento tras otro, sin dirección precisa ni orientación a una tarea u objetivo concretos. De hecho, son pensamientos que no van dirigidos a nada. Sin embargo, y por mucho que ni la divagación mental ni el sueño estén orientados a objetivo alguno, son dos procesos distintos. La divagación mental debe ceñirse a la mayoría de las limitaciones que impone la red ejecutiva. Cuando divaga, la mente experimenta cierta libertad, pero esa libertad no es nada en comparación con cuando sueña. La naturaleza ilimitada de los sueños nos lleva a lugares a los que nos sería imposible llegar despiertos.

Los sueños también tienen sus normas

Por improbables y descabellados que puedan ser los sueños habitados por situaciones imposibles y saltos irracionales en el espacio y en el tiempo, también tienen ciertos límites. Incluso los sueños deben seguir normas. Aunque la red imaginativa desata a la mente soñadora, los sueños no son infinitamente irracionales y son cualquier cosa menos aleatorios. Cuando ampliamos nuestra perspectiva y pasamos de centrarnos en una sola persona mientras sueña a abarcar a diez mil, y de examinar un sueño a miles de miles de autoinformes de sueños y de descripciones de sueños que se remontan a la Antigüedad, empezamos a vislumbrar ciertos contornos. Por ejemplo, a pesar de los colosales cambios en nuestro modo de vida, el contenido de los sueños apenas ha cambiado a lo largo de la historia, de milenio a milenio, de generación a generación.

Muchos de los sueños que soñamos ahora no son muy distintos a los que se soñaban en el Egipto de los faraones o en la Roma de Julio César. Algunos de los trastornos del sueño que se registraron en China hace más de 1800 años incluyen soñar que se vuela, soñar que se cae a un abismo y los terrores nocturnos. ¿Te resultan familiares?

En la década de 1950 se administraron cuestionarios a estudiantes universitarios japoneses y estadounidenses, y los resultados demostraron la universalidad de los sueños. Se preguntó a estudiantes de estos dos países: «¿Has soñado alguna vez que...?», con una lista de sueños posibles, desde nadar a salir desnudo a la calle o ser enterrado vivo. La similitud en las respuestas que dieron estos estudiantes, separados por medio mundo, resultó asombrosa.

Los cinco sueños más habituales entre los estudiantes japoneses fueron:

1. Ser atacado o perseguido.
2. Caer.
3. Intentar hacer algo una y otra vez.
4. Escuela, profesores, estudiar.
5. Quedar bloqueado por el miedo.

Y estos fueron los cinco sueños más habituales entre los estudiantes estadounidenses:

1. Caer.
2. Ser atacado o perseguido.
3. Intentar hacer algo una y otra vez.
4. Escuela, profesores, estudiar.
5. Experiencias sexuales (las experiencias sexuales ocupaban la sexta posición de los sueños más referidos por los estudiantes japoneses a quienes se preguntó).

Cincuenta años después, se aplicó un cuestionario similar a estudiantes en China y Alemania y también se obtuvieron respuestas sorprendentemente parecidas.

Los cinco sueños más habituales entre los estudiantes chinos fueron:

1. Escuela, profesores, estudiar.
2. Ser atacado o perseguido.
3. Caer.
4. Llegar tarde (por ejemplo, perder el transporte).
5. Reprobar un examen.

Y estos fueron los cinco sueños más habituales entre los estudiantes alemanes:

1. Escuela, profesores, estudiar.
2. Ser atacado o perseguido.
3. Experiencias sexuales.
4. Caer.
5. Llegar tarde (por ejemplo, perder el transporte).

¿Cómo es posible que estos cuestionarios sobre los sueños, aplicados con cincuenta años de diferencia y en cuatro países distintos, obtuvieran resultados tan parecidos? Quizás tenga que ver con la experiencia diaria. Al fin y al cabo, Estados Unidos, Japón, Alemania y China son sociedades industriales modernas. Quizás las vidas de estos estudiantes eran muy parecidas y, por eso, daban lugar a sueños muy parecidos. ¿Serían distintos los sueños de personas de culturas indígenas?

En las décadas de 1960 y 1970, un equipo de antropólogos decidió responder a esa pregunta. Recopilaron autoinformes de sueños de pueblos indígenas, como los yirs yoront australianos, los zapotecas mexicanos y los mehinákus brasileños, y compararon las características de lo que soñaban con los sueños de personas estadounidenses, centrándose en temas como la agresión, la sexualidad o la pasividad. A pesar de las enormes diferencias entre la experiencia vivida en las culturas tra-

dicionales y en la estadounidense, las situaciones que se soñaban estaban mucho más alineadas entre sí que las culturas que
las producían.

Por ejemplo, la comparación de autoinformes de sueños en
sociedades tradicionales y estadounidenses concluyó que,
en todos los casos, los hombres tendían a soñar más acerca de
otros hombres, mientras que las mujeres soñaban tanto con
hombres como con mujeres. En ambos tipos de culturas,
era más probable que tanto hombres como mujeres fueran
víctimas de agresión, en lugar de los agresores, mientras
que menos del 10% de los sueños eran sexuales, otra coincidencia.

Los sueños son sorprendentemente parecidos en todo el
mundo, independientemente del idioma que se hable; de si se
vive en una zona urbana o rural o en un país desarrollado o en
vías de desarrollo; o del nivel socioeconómico. Dada la continuidad de los sueños en el tiempo y en el espacio, parece razonable concluir que las características y el contenido de los sueños están integrados en nuestro ADN y son una función de la
neurobiología y de la evolución, por lo que son fundamentalmente inmunes a las diferencias culturales, geográficas e idiomáticas. Es imperativo que, a lo largo de las páginas que siguen, tengamos muy presente este hecho fundamental acerca
de los sueños: los sueños existen en el marco de sus orígenes
neurobiológicos. Por lo tanto, en realidad no son ilimitados.
Por mágicos que puedan parecer, deben ceñirse a límites concretos.

Los sueños se rigen por sus propias normas. Por ejemplo,
las matemáticas no desempeñan ninguna función en los sueños
y es raro que, soñando, se ejecuten otros procesos cognitivos,
como leer o escribir, o se use una computadora. Sin la lógica de

la red ejecutiva, llevar a cabo estas tareas es muy difícil, si no directamente imposible.

Por otro lado, soñar con un celular montando en un caballo es muy poco probable y es extraordinariamente raro que cuando soñamos los objetos se conviertan en personas, o viceversa. En *El sueño de una noche de verano*, de William Shakespeare, los personajes se transforman en animales, pero en los autoinformes de sueños casi nunca se habla de personas transformadas en animales. Si un objeto se transforma en otro, por lo general se trata de un objeto relativamente similar. Un automóvil se trasforma en una bicicleta; un autobús urbano, en un camión escolar, y una casa, en un castillo. También puede ocurrir que una casa que está en un sitio se convierta en una casa que está en otro lugar. Cuando soñamos, los saltos siguen los mapas semánticos de la memoria.

Los mapas semánticos son el modo en que organizamos a las personas, los objetos y los lugares que habitan nuestro mundo. Podemos pensar en ellos como en racimos de uvas. Un racimo sería el de medios de transporte; otro, el de tipos de viviendas. Cuando la mente salta de asociación en asociación durante los sueños, tiende a permanecer en el mismo racimo semántico. Un medio de transporte se transforma en otro. Un tipo de vivienda se transforma en otro. Hasta donde sabemos, los sueños funcionan así desde que el ser humano empezó a registrarlos.

El poder social y emocional de los sueños

Me pregunto si las narrativas oníricas han conservado esta extraordinaria congruencia a lo largo de la historia humana porque tienden a centrase en la emoción y en las relaciones interpersonales, ya sean reales o imaginadas. La mente que sueña despliega todo tipo de escenarios hipotéticos sin emitir juicios al respecto. Por eso podemos soñar que somos del sexo opuesto, que tenemos una orientación sexual distinta y colocarnos en situaciones sexuales o interpersonales que resultarían improbables, o incluso desagradables, si las experimentáramos cuando estamos despiertos. Por lo general, lo hacemos a través de la lente de las emociones: ¿cómo me sentiría si hiciera esto?

El hecho de que los sueños estén enfocados a los elementos emocionales y sociales explica, probablemente, por qué las tecnologías que han transformado por completo la vida desde la década de 1950 apenas han ejercido influencia sobre ellos. La televisión, las computadoras, internet o los celulares apenas aparecen en los autoinformes sobre sueños. Parece que ni siquiera la adicción actual a las redes sociales ha invadido nuestra vida onírica, según la investigación aún limitada pero creciente acerca de cómo la vida digital aparece en la vida onírica.

Lo que el imaginativo mundo de los sueños nos ofrece son, primero y sobre todo, experimentos sociales. Somos criaturas sociales. Los sueños son experimentos mentales que indagan en las relaciones de nuestras vidas, con frecuencia con escenarios inverosímiles y, en ocasiones, profundamente conmovedores. En el proceso, reforzamos nuestra inteligencia social. Esta característica fundamental de los sueños depende del avance evolutivo más reciente e importante en el cerebro humano y en la red imaginativa: la corteza prefrontal medial (CPFM).

La CPFM ocupa la línea media del cerebro y comprende una agrupación de neuronas detrás de la frente, sobre el puente de la nariz, en ambos lóbulos, el izquierdo y el derecho. *Pre-*

frontal significa que está en la región más anterior de los lóbulos frontales, justo detrás de la frente. La corteza prefrontal
es lo que hace que la frente del ser humano sobresalga. Es la
zona donde se cultivan las neuronas más nuevas, lo que revela
la presión evolutiva para hacernos más sociales, más humanos.

Cuando estamos despiertos, la CPFM media nuestra capacidad para tener en cuenta tanto nuestro punto de vista como
el de otros. Es una capacidad extraordinaria. A pesar de que el
tamaño del cerebro humano ha disminuido durante los últimos 3000-5000 años, la inteligencia social de la especie no ha
hecho más que aumentar. Y se lo debemos a la CPFM. Las lesiones en esta zona del cerebro dan lugar a falta de empatía, a
una toma de decisiones sociales inadecuada y a la incapacidad
de seguir las convenciones sociales. También interfieren en la
capacidad de cambiar la opinión inicial que tenemos de alguien, incluso si después recibimos información nueva que la
contradice.

Cuando soñamos, la red ejecutiva da un paso atrás y la red
imaginativa toma las riendas, lo que libera a la CPFM. Cuando
atribuimos pensamientos, emociones e intenciones no solo a
nuestro yo soñado, sino al resto de los personajes que inventa-
mos durante el sueño, es por la actividad de la CPFM. Esta
capacidad para ponernos en el lugar del otro, sobre todo en lo
que a la relación con nosotros se refiere, recibe el nombre de
teoría de la mente.

La teoría de la mente nos permite reflexionar acerca de
nuestras creencias, deseos y emociones, además de inferir los
de las personas con quienes nos relacionamos. Adscribirnos
estados mentales y adscribírselos a otros es un proceso que
comienza en la infancia y que es vital para nuestra capacidad
para funcionar con éxito en una tribu, comunidad o sociedad.

Las personas con trastornos como el autismo, la esquizofrenia o el trastorno de ansiedad social tienen dificultades con la teoría de la mente, lo que complica sus interacciones con los demás. La teoría de la mente nos ayuda a entender por qué alguien actúa como lo hace y a prever cómo podría actuar en el futuro. Cuando soñamos, la teoría de la mente nos permite valorar cómo nos sentiríamos en determinadas situaciones imaginadas y cómo se sentirían los demás respecto a nosotros en esas mismas situaciones. Y esto es importante, porque mejora nuestra capacidad para interactuar en grupo, resolver problemas colectivamente y vivir con un propósito compartido. La teoría de la mente está plenamente activa en la mente que sueña y nos permite representar situaciones sociales complejas y experimentos mentales imaginativos que informan nuestra vida despierta.

Durante los experimentos mentales que llevamos a cabo cuando soñamos, también tenemos acceso a un sistema límbico hiperactivado. El sistema límbico es el responsable de la emoción, de los recuerdos y de la excitación. Como hemos visto antes, el sistema límbico alcanza durante el sueño unos niveles de activación imposibles durante la vigilia. Este estado emocional hiperactivado puede mejorar nuestra inteligencia y perspicacia sociales. Si te preguntas por qué la emoción es tan esencial para nuestras habilidades sociales, recuerda que, cuando el sistema límbico sufre una lesión y la parte racional y ejecutiva del cerebro no puede acceder a él, el pensamiento se bloquea y es incapaz de entender el mundo social y de tomar siquiera las decisiones más sencillas. Las lesiones en el sistema límbico pueden interferir en la capacidad de sentir empatía, de entender las señales sociales y de relacionarse de manera adecuada con los demás. Aunque no acostumbramos a pensar en ellas de este modo, las emociones son esenciales para tomar decisiones óptimas en situaciones sociales. Y creo que esta capacidad ha sido uno de los impulsores de nuestra evolución colectiva.

El yo soñado y el yo despierto

La mayoría de nosotros tenemos una idea clara de quiénes somos. Más allá de nuestro aspecto físico, tenemos recuerdos de lo que hemos hecho en el pasado e ideas acerca de dónde querríamos estar en el futuro. Tenemos creencias y valores morales, cosas que nos gustan y cosas que nos disgustan. Todo esto configura un autorretrato detallado. Sin embargo, ¿qué pasa con el protagonista de nuestros sueños? ¿Es el yo que soñamos distinto al yo que somos cuando estamos despiertos?

A mediados del siglo XX, los investigadores estadounidenses Calvin Hall y Robert Van de Castle desarrollaron un sistema que permitía descomponer los sueños en los elementos que los componen.[2] Esta técnica de codificación puntuaba cuántos personajes aparecían en un sueño. ¿Eran personas, grupos o animales? ¿Eran hombres o mujeres? ¿Cuán agresivo era el sueño? ¿La persona que soñaba era el agresor o el agredido?

Concluyeron que el protagonista del sueño es casi siempre la persona que está soñando, que el argumento del sueño acostumbra a contar con unos cinco personajes, y que la narrativa suele tender más hacia la desdicha que hacia los golpes de suerte, y más hacia la agresión que hacia la amabilidad. Con este sistema de puntuación, Hall, Van de Castle y otros investigadores demostraron también que la mayoría de los sueños no son surrealistas, sino que tratan de cuestiones banales de la vida cotidiana.

La idea de que los sueños son una continuación de la vida que vivimos despiertos se conoce como *hipótesis de continuidad de los sueños*. Si bien la hipótesis de continuidad no plantea que los sueños sean un reflejo exacto de nuestra vida cotidiana, sí que afirma que reflejan nuestra personalidad, valores y motivaciones, y que los sueños recogen preocupaciones, inquietudes o necesidades de nuestra vida despierta. Según los defensores de esta teoría, es posible que hasta el 70% de los sueños sean «simulaciones encarnadas» de inquietudes e ideas personales.[3]

Todo el que haya incluido a su jefe o jefa en un sueño tras una jornada de trabajo complicada o a un familiar querido poco después del fallecimiento de este sabe que los elementos de la vida cotidiana se filtran en los sueños. Un estudio comparó a madres que trabajaban fuera de casa con madres que no, y descubrió que las madres que trabajaban fuera experimentaban más emociones desagradables, incluían a más personajes masculinos y soñaban con menos situaciones en el hogar que las madres que se quedaban en casa.

Sin embargo, todos sabemos también que, con frecuencia, lo que soñamos no se parece ni por asomo a nuestra vida real. A mi parecer, en los sueños hay al menos tanta discontinuidad como continuidad. Muchos de los elementos de nuestra vida real que aparecen en los sueños están distorsionados o sacados de contexto. Con frecuencia, se trata de una mezcla extraña de lo real y lo irreal.

Equipos de investigación han cambiado drásticamente la vida de los participantes en sus estudios en un intento de determinar cuánto de la realidad cotidiana llega a los sueños, y han usado lentes de colores, videojuegos inmersivos y otras técnicas para ver cómo se filtra la realidad en los sueños. Como seguramente supongas, casi nunca se trata de una representación fiel. Los participantes que llevaron lentes con cristales rojos durante todo el día a veces soñaron en rojo o, a veces, solo parte del sueño era «del color del cristal con que miraban» despiertos.[4] En otro experimento, los participantes llevaron «lentes de inversión» que ponían el mundo patas arriba.[5] Aunque no soñaron esta realidad invertida, sus sueños sí que incluyeron algunas cosas invertidas. En los sueños aparecen elementos de videojuegos, pero los sueños casi nunca son una reproducción del juego en sí. Eso sería demasiado prosaico para el cerebro soñador.

Si bien es cierto que, con el tiempo, acabamos personalizando los patrones de nuestras narrativas oníricas, no deberíamos esperar que repliquen fielmente nuestra vida cotidiana. Hall y un colega analizaron 649 sueños de una estadounidense que se autoasignó el seudónimo de Dorothea. Dorothea empezó a registrar sus sueños en un diario en 1912, cuando tenía veinticinco años, y siguió haciéndolo hasta pocos días antes de morir en 1965, a los setenta y ocho años. En los sueños que registró a lo largo de esas cinco décadas, dominan algunos temas, que aparecen en las tres cuartas partes de sus sueños, una proporción asombrosa:

- Comida y comer.
- Perder algo.
- Estar en una estancia pequeña o desordenada o que otros invadan su habitación.
- Estar en un sueño con su madre.
- Ir al baño.
- Llegar tarde.

Este patrón de sueños presentó una estabilidad considerable década tras década. Podríamos leer cien o doscientos registros de sueños de Dorothea y saber que eran de ella. Sin embargo, sus sueños no nos dicen nada acerca de su vida. A partir de sus sueños, nunca sabríamos que era la segunda de ocho hermanos; que nació en China, donde sus padres eran misioneros; que regresó a Estados Unidos a los trece años; que se doctoró en Psicología a los treinta y ocho años; que nunca se casó ni tuvo hijos o que dio clases hasta que se jubiló. Lo máximo que podríamos esperar descubrir a partir de los sueños de Dorothea es algo acerca de sus valores, inquietudes y preocupaciones.

El propio Hall tuvo problemas para valorar la personalidad y el carácter individual de sus pacientes a partir de los sueños de estos. Tras estudiar los sueños de diecisiete hombres participantes en la expedición estadounidense al Everest en 1963, decidió que dos de ellos serían los más populares, los más maduros psicológicamente y los mejores líderes. Nada más lejos de la realidad. Eran los que caían peor al resto y los más inmaduros, y se les valoraba muy mal en cuanto a capacidades de liderazgo o de elevar el estado de ánimo del equipo. Hall concluyó que «la enormidad de los errores de juicio» que había cometido al intentar inferir conductas reales a partir de los sueños de los escaladores había sido una lección de humildad. Los errores de Hall mostraron los límites de los sueños a la hora de reflejar nuestra realidad despiertos. Parece que, en el mejor de los casos, los sueños son un espejo distorsionador.

El desarrollo de los sueños durante la infancia

Aunque mis tres hijos ya van a la universidad, aún recuerdo cómo observaba su desarrollo cuando eran bebés y en su primera infancia. La primera sonrisa real, la primera palabra, el primer paso, el primer día en la guardería... Al igual que la mayoría de los padres y madres, sentía emoción y alivio cada vez que alcanzaban uno de estos hitos evolutivos. A medida que un niño pequeño crece y experimenta el mundo, su cerebro alcanza hitos neurológicos igualmente importantes que escapan a la observación de incluso los padres y madres más atentos. Estos hitos se superan «entre bastidores», pero no por ello son menos importantes, sobre todo en lo que se refiere a soñar.

La capacidad de soñar es un logro cognitivo importante que necesita tiempo para desarrollarse. De hecho, hablamos y caminamos antes de haber empezado a soñar. Desarrollamos la capacidad de soñar a la par que las habilidades visoespaciales hacia los cuatro años de edad, aproximadamente en la misma época en que aprendemos a saltar, mantenernos sobre una pierna o atrapar una pelota.

Sabemos de los sueños de los niños a lo largo del tiempo gracias a estudios longitudinales que han seguido la llegada y la evolución de los sueños. En algunos casos, los niños y sus familias han participado en el registro y evaluación de los sueños a lo largo de décadas, hasta bien entrada la adolescencia e incluso la edad adulta. Gracias a esta investigación tan intensiva, sabemos que los sueños de los niños y su imaginación cuando están despiertos crecen de forma paralela.

Los primeros sueños de los que informan los niños apenas se pueden calificar de tales. Los niños de entre tres y cinco años a los que se despierta durante una fase del sueño en la que los adultos sueñan abundantemente no reportan estar soñando nada. Y, si sueñan, los sueños no contienen movimientos. Se parecen más a una fotografía que a una película. Apenas hay acción, las interacciones sociales son escasas y el niño o niña que sueña no acostumbra a aparecer en el sueño.

La agresividad, las desgracias o las emociones negativas son raras en los sueños de niños en edad preescolar. Las dos características principales de los sueños en esta etapa son que están protagonizados por animales y que hacen referencia al estado del cuerpo, como el hambre o el cansancio. Los sueños que se centran en el estado corporal pueden consistir en quedarse dormido frente al plato en la cocina, mientras que un sueño con animales podría ser un pájaro cantando. Algo que resulta interesante es que, cuando los niños pequeños sueñan con animales, no suelen hacerlo con sus mascotas, sino con animales de cuentos de hadas, dibujos animados o cuentos. Una hipótesis plantea que los personajes animales son sustitutos, una especie de avatar del niño antes de que su sentido del yo se haya desarrollado del todo.

Entre los cinco y los ocho años, los niños empiezan a reportar sueños narrativos, aunque sin cronología ni secuencia. Al principio, creen que los sueños son fantasías compartidas, aunque al final se acaban dando cuenta de que sus sueños no son una experiencia compartida, sino algo muy íntimo. Esto sucede al mismo tiempo que la activación de la red imaginativa, que ocurre más o menos a esta edad. Las estructuras cerebrales de la red imaginativa necesitan tiempo para conectar entre ellas y coordinarse para llevar a cabo sus conductas y su propósito específicos.

Los niños no se convierten en participantes activos en sus sueños hasta que cumplen los siete o los ocho años. Al mismo tiempo, los registros de sueños empiezan a mostrar secuencias de eventos, donde uno conduce al siguiente. Es el mismo periodo en la vida del niño en que la conciencia de un yo autobiográfico empieza a emerger tanto en sueños como en la vida real. El yo autobiográfico es el sentido de quiénes somos, tanto en nosotros mismos como en relación con los demás. Dada la confluencia de estos hitos evolutivos, parece probable que estén relacionados y que quizás se influyan o se impulsen mutuamente.

¿Qué es lo que al final otorga a los niños la capacidad de soñar? Si nos paramos a pensarlo, la mayoría ya van a la escuela y están aprendiendo a leer y a hacer operaciones aritméticas sencillas, pero aún no sueñan, al menos no si entendemos los sueños como una serie de escenas. Esto desconcertaba a los investigadores, que se preguntaban si, quizás, no era tanto que los niños pequeños no soñaran, sino que carecían de las habilidades verbales necesarias para describir los sueños. Sin embargo, esta explicación carece de sentido, porque los niños adquieren la capacidad de hablar acerca de personas, eventos y cosas antes de que empiecen a reportar que sueñan acerca de ello.

Lo cierto es que los sueños tal y como los entendemos la mayoría de nosotros aparecen con el desarrollo de las habilidades visoespaciales, no de las habilidades del lenguaje o de la memoria. Soñar nos exige mucho. No solo debemos ser capaces de visualizar el mundo, sino que tenemos que fabricar situaciones. Los sueños son como otros procesos cognitivos de orden superior que llegan con la edad y la madurez. La clave de la capacidad de soñar reside en lo capaz que sea nuestra mente de recrear visualmente la realidad. De hecho, hay una prueba que se le puede hacer a un niño para determinar si puede soñar o no. Se llama test de diseño de bloques: los niños deben observar maquetas o dibujos con patrones rojos y blancos y, a continuación, recrear esos patrones con bloques. Si pueden reproducir el patrón, es muy probable que puedan soñar.

Tanto las habilidades visoespaciales como los sueños dependen de los lóbulos parietales, que ayudan con la orientación espacial y no se desarrollan del todo hasta aproximadamente los siete años de edad. Aún más importante, los sueños dependen de asociaciones complejas entre regiones cerebrales, las cortezas de asociación, que también necesitan tiempo para forjarse y dar sentido a lo que el lóbulo occipital ve y el parietal siente. Colaboran para ofrecer una experiencia visual y emocional inmersiva.

Poco después de la llegada de los sueños, sucede algo sorprendentemente universal en el desarrollo pediátrico: la aparición de las pesadillas. Aunque ahondaremos en ellas en el capítulo siguiente, de momento diré que en la infancia se sufren muchas más pesadillas que en la edad adulta. Los sueños infantiles están poblados de monstruos y de seres sobrenaturales por muy benévolo que sea el estilo de crianza de los padres. Más adelante, cuando avanzamos de la niñez a la edad adulta, las pesadillas desaparecen para casi todos nosotros.

Piénsalo: ahora sabemos que la capacidad de soñar se corresponde con el desarrollo del yo, la capacidad esencial que permite el recuerdo autobiográfico y el sentido de identidad. No hay sueño que refuerce más la noción del yo que las pesadillas. En una pesadilla, el yo es objeto de una persecución o se enfrenta a algún otro tipo de amenaza existencial. Una pesadilla es, en esencia, una batalla del yo frente a los demás. Es una manera muy potente de ayudar al niño a integrar que es una persona individual, con voluntad propia y con su propio lugar en el mundo.

La ventaja evolutiva de soñar

¿Cómo sabemos que los sueños no son aleatorios? ¿Acaso no podrían ser una serie de imágenes, recuerdos, personajes y acciones que aparecen al azar, como naipes sacados de una baraja? Los sueños podrían ser un irrelevante producto de desecho de algo beneficioso que sucede durante el sueño. Como el ruido de un motor, en lugar de los pistones y las velocidades de este.

Hay un par de motivos convincentes por los que sabemos que los sueños no son aleatorios. Uno es que muchos de nosotros tenemos sueños recurrentes. Si fueran aleatorios, la probabilidad de soñar lo mismo dos veces sería bajísima. La probabilidad de soñar lo mismo más de dos veces sería nula. En segundo lugar, algunos podemos levantarnos a media noche, volver a la cama y reanudar el sueño que estábamos teniendo. Esto sería imposible si los sueños fueran aleatorios de verdad.

Creo que hemos evolucionado para soñar. Y lo creo por lo siguiente. La evolución conserva, en la medida de lo posible, los rasgos ventajosos. La evolución nunca perpetuaría rasgos que no nos ofrecieran una ventaja clara, sobre todo si exigen mucha energía o nos hacen vulnerables ante los depredadores. Soñar hace las dos cosas. Nos exige mucha energía y nos deja vulnerables mientras soñamos.

Entonces, ¿por qué soñamos? ¿Por qué invertir tiempo y energía en esos esfuerzos nocturnos, esas extrañas narrativas mentales que conjuramos exclusivamente para nosotros y en las que nos caemos, se nos caen los dientes o somos infieles a nuestra pareja? ¿Qué posible ventaja biológica o conductual nos ofrecen los años, o incluso las décadas, que pasamos soñando?

Estas preguntas han dado lugar a muchas teorías. Antes o después, todos soñamos que nos persiguen, por lo que una de las teorías plantea que los sueños son una especie de ensayo de cómo responder ante una amenaza, una manera de practicar cómo reconocer amenazas y responder ante ellas de un modo seguro. Según esta teoría, los sueños son como una simulación virtual en la que podemos poner a prueba distintas respuestas e imaginar las consecuencias. ¿Podría ser que gestionemos mejor las amenazas en el mundo real gracias a lo que vivimos en los sueños?

En lo que quizás sea una versión moderna del ensayo de amenazas, Isabelle Arnulf, profesora de neurología en la Universidad de la Sorbona de París, preguntó a sus alumnos acerca de sus sueños antes de llevar a cabo el examen de acceso a la facultad de Medicina.[6] Los sueños acerca del examen eran muy habituales y más de las tres cuartas partes de estos eran pesadillas. Estoy seguro de que podrías adivinar los temas de los sueños desagradables: «Me despertaba tranquilamente a las diez de la mañana. De repente, me entraba el pánico y me daba cuenta de que todo había pasado y había reprobado». Otros alumnos habían soñado que se les rompían los lentes antes del examen, que les entregaban exámenes en los que faltaban páginas, que no tenían papel para escribir, que se subían al transporte equivocado y no llegaban al examen, etcétera.

Lo interesante es que los alumnos que soñaron con el examen con frecuencia obtuvieron resultados un 20% superiores a los que no soñaron nunca con él. Dormir más no predijo resultados mejores, y la ansiedad más elevada antes del examen tampoco predijo resultados peores. Arnulf concluyó que la anticipación negativa de un acontecimiento estresante y la simulación del test durante el sueño podían haber dado a los alumnos un beneficio cognitivo durante el examen real. Concluyó que los informes de los sueños se asemejaban a una especie de lista de situaciones posibles, que iban desde las que eran probables, como olvidar algo en casa, a las que eran improbables o imposibles, como ir al examen en avión.

Sea como sea, si el único motivo por el que soñamos es simular situaciones amenazantes, todos los sueños tratarían de amenazas imaginadas. Y sabemos que no es así. Los argumentos de los sueños presentan una gran variabilidad y, mientras soñamos, experimentamos muchas más emociones, además del miedo. Soñar debe ofrecer otros beneficios evolutivos.

Otra teoría sugiere que los sueños tienen valor terapéutico y hacen la vez de terapeuta nocturno, para ayudarnos a digerir y elaborar emociones ansiógenas. Muchos de nosotros hemos soñado que llegamos tarde a algún sitio o que llegamos vestidos inapropiadamente o incluso desnudos. Resulta que estos sueños nos pueden ayudar a evitar el bochorno una vez despiertos. Estudios recientes de la Universidad de California en Berkeley han concluido que las respuestas de miedo ante experiencias emocionales mientras estamos despiertos son más leves en la mañana siguiente a los sueños de este tipo.[7]

Los sueños de personas en proceso de divorcio también demuestran el valor terapéutico de los sueños. Rosalind Cartwright, de la Facultad de Posgrado de Neurociencia del Centro Médico de la Universidad Rush de Chicago, concluyó que los sueños podían ser, por sí mismos, predictores certeros de quién se recuperaría (y quién no) de la depresión posterior al divorcio.[8] Quienes se recuperaban tendían a tener sueños más dramáticos y con argumentos complejos que mezclaban recuerdos recientes y antiguos. Cartwright concluyó que los participantes en el estudio recién divorciados elaboraban las emociones negativas acerca de su expareja mientras soñaban. Afirmó que esto les ofrecía un desahogo emocional que les permitía despertarse dispuestos a ver las cosas de un modo más positivo y a empezar de nuevo. La medida en que las personas en proceso de divorcio soñaban con su futuro excónyuge correlacionaba con lo bien o mal que lo superaban después.

Soñar también podría ser una manera de poner a prueba distintas situaciones interpersonales. No hay nada comparable a los sueños en lo que a visualizar todo tipo de situaciones sociales se refiere. Los sueños ponen a nuestro alcance una variedad increíble de argumentos, tanto realistas como inverosímiles, y en cada uno de ellos imaginamos cómo podrían salir las cosas. Esto se nos da tan bien que Mark Flinn, antropólogo biomédico en la Universidad Baylor de Texas, califica de «superpoder» nuestra capacidad para inventar situaciones.[9] Lo bien que interactuemos con los demás es vital desde el punto de vista evolutivo. Nos ayuda a integrarnos en el grupo y a encontrar pareja.

Otra teoría acerca de los beneficios evolutivos de soñar señala que mantiene el cerebro activo y preparado incluso mientras dormimos. En el proceso de crear máquinas que se comporten como la mente humana, los científicos informáticos se han encontrado con dificultades que apuntan a otros de los beneficios que podrían proporcionar los sueños.

Las redes neuronales son neuronas conectadas por asociaciones funcionales. Por ejemplo, una red neuronal podría ser el tipo de procesamiento visual necesario para determinar si conocemos o no a la persona que tenemos delante. Los programas de reconocimiento facial son una versión artificial de esto. Una teoría propone que soñar ofrece beneficios evolutivos porque los incrementos de actividad mental que los acompañan mantienen activas las redes neuronales y actúan como una especie de llama piloto del cerebro. Así, si nos despertamos, el cerebro se puede activar y entrar en alerta rápidamente.

El aprendizaje automático y la estrambótica naturaleza de los sueños han inspirado otra teoría acerca de los beneficios evolutivos de soñar. Con frecuencia, los sueños son surrealistas y presentan situaciones descabelladas o improbables, situaciones que no veríamos en un día normal y que quizás no veamos nunca en toda la vida. Teniendo esto en cuenta, el neurocientífico estadounidense Erik Hoel propuso algo a lo que llamó *hipótesis del cerebro sobreajustado*,[10] que sugiere que los sueños nos ayudan a generalizar lo que aprendemos durante nuestras horas de vigilia.

Cuando una máquina aprende tareas complejas, se la entrena para desarrollar normas generales a partir de un conjunto de circunstancias específicas. Si las circunstancias específicas son demasiado parecidas, se da un «sobreajuste» y las normas que adopta la máquina se ajustan demasiado a la información limitada que ha recibido. Como resultado, la máquina actúa con estrechez de miras. El pensamiento de la máquina es demasiado preciso, rígido y predecible. En otras palabras, fracasará cuando reciba información que no encaje con la que tiene. Para evitar que esto suceda, los científicos inyectan «ruido» entre la información con la que entrenan a la máquina para corromper deliberadamente los datos y hacer que la información sea más aleatoria.

Al igual que los conjuntos de datos que la máquina recibe para aprender, es habitual que nuestra experiencia vivida cotidiana nos ofrezca información restringida sobre el mundo y cree patrones cognitivos rígidos o limitados. Habituarse a una rutina es eficiente, pero también reduce nuestra capacidad de adaptación a las circunstancias inesperadas. Los sueños, con su cualidad fantástica y con frecuencia surrealista, son como el ruido que se inyecta en los datos que se ofrecen a las máquinas. La reordenación nocturna de los recuerdos y patrones podría depender de la resonancia estocástica, un término científico que describe el hecho de añadir ruido aleatorio a los datos para hacer que las señales importantes sean más detectables, en lugar de menos. Esto podría dar lugar a un pensamiento más flexible y creativo.

Esta teoría no se sustenta solo en la mente y en narrativas oníricas descabelladas, sino también en cambios neurofisiológicos reales que ocurren mientras soñamos. El cerebro inyecta «ruido» en los sueños reduciendo el nivel de adrenalina en sangre. Conocemos la adrenalina como el neurotransmisor que activa la respuesta de huida o lucha y nos vuelve muy vigilantes. Un aumento del nivel de adrenalina nos lleva a un estado hiperalerta e hiperconcentrado. Cuando esto sucede, estamos en la mejor posición para detectar incluso la señal más leve entre el ruido. Esto tenía beneficios enormes cuando el ser humano vivía en plena naturaleza y debía evitar a los depredadores. El aumento de adrenalina nos ayudaba a detectar el sonido de la hierba al agitarse y nos alertaba de la presencia de una amenaza que aún no podíamos ver.

Cuando soñamos, el nivel de adrenalina baja y la capacidad de discernir entre señales y ruido disminuye también. Por lo tanto, el cerebro amortigua su capacidad para comprobar la realidad. Esto nos haría increíblemente vulnerables si nos encontráramos en peligro, pero otorga al sueño el poder del pensamiento creativo y divergente. En el capítulo 4, donde hablaré de los sueños y la creatividad, trataré de la base biológica del pensamiento divergente, pero cuando hablo de pensamiento divergente, me refiero a lo que, con frecuencia, se describe como pensamiento original. Es el tipo de pensamiento que aborda los problemas de un modo completamente novedoso e innovador y al que puede costar acceder cuando nos esforzamos en resolver un problema durante las horas de vigilia.

La falta de adrenalina en el cerebro mientras soñamos permite suspender el escepticismo, algo imprescindible para poder emprender aventuras oníricas. Esto forma parte de la desconexión de la red ejecutiva, el segundo requisito para poder soñar. Y tiene sentido, porque es una especie de sinergia química. La red ejecutiva y la adrenalina en el cerebro desempeñan funciones parecidas: vigilancia y atención al exterior. Al mismo tiempo, el nivel de adrenalina en el cuerpo permanece estable, por lo que podemos experimentar los sueños como si fueran reales. Cuando soñamos que huimos de un depredador, por ejemplo, la adrenalina del cuerpo nos acelerará el corazón, como si realmente estuviéramos huyendo.

Este tipo de pensamiento imaginativo y sin límites durante el sueño podría ser beneficioso porque nos puede ayudar a encontrar soluciones adaptativas a amenazas existenciales. Decimos que la evolución consiste en la sobrevivencia del más fuerte y, en mi opinión, el más fuerte es el que más capacidad de adaptación tiene. Las peculiares narrativas de los sueños nos ayudan a hacer precisamente eso: navegar por el mundo y toda su complejidad y ofrecernos la mayor probabilidad posible de afrontar el abanico más amplio de dificultades con que nos podamos encontrar. Los sueños pueden simular sucesos inesperados y tan extremos que nuestra rutina diaria no nos permitiría predecir jamás, pero a las que debemos reaccionar como especie si queremos sobrevivir: epidemias, terremotos, tsunamis, guerras, sequía...

En última instancia, y a pesar de que la investigación no hace más que crecer, no hay una teoría que explique de forma definitiva por qué el ser humano ha conservado la necesidad de soñar. De hecho, las pruebas sugieren que todas las teorías son válidas hasta cierto punto, y que hay una interrelación y una interdependencia entre ellas. No deberíamos esperar que haya un solo motivo por el que soñamos, de la misma manera que no hay un solo motivo por el que pensamos cuando estamos despiertos. A medida que el ser humano ha ido evolucionando, el cerebro ha ido añadiendo capas nuevas y cada vez más sofisticadas de arquitectura celular. Entonces, ¿por qué no habría de haber crecido también el arsenal de los sueños? ¿Por qué no pueden los sueños ayudarnos tanto a procesar emociones como a simular situaciones catastróficas? ¿Por qué no pueden simular amenazas y mantener alerta a las redes neuronales?

Estas teorías explican todas las maneras en que los sueños nos ayudan a adaptarnos y a sobrevivir como especie. Sin embargo, creo que los sueños también nos ayudan a ser quienes somos. Y parece que hay un tipo de sueño específico que desempeña un papel desproporcionado en nuestro sentido de la identidad narrativa y del yo y que permite que emerjan las personas únicas que somos: la pesadilla.

2
Las pesadillas son necesarias

El día a día de Julia era muy apacible. Era instructora de yoga y dedicaba tiempo a cuidar de su jardín y a hacer senderismo. Sin embargo, hacía años que, por la noche, tenía sueños terribles y violentos que parecían surgidos de la nada y, por ejemplo, veía a sus padres siendo decapitados o a sí misma apuñalando a alguien. Tal y como explicó en el pódcast *Science Vs*, se despertaba temblando, incapaz de olvidar los aterradores detalles.[1] Cuando el día comenzaba y algunas de las emociones asociadas a las truculentas pesadillas se desvanecían, no podía evitar pensar en las macabras escenas que su cerebro conjuraba por la noche. El residuo de las pesadillas cada vez perduraba más durante el día.

Julia vivía una doble vida muy desconcertante. Los días estaban llenos de emociones positivas construidas en torno a hábitos de bienestar, pero las noches rebosaban de violencia imaginada. Saber que albergaba pensamientos tan violentos le resultaba muy perturbador. No entendía por qué tenía semejantes pesadillas y no sabía cómo dejar de tenerlas.

¿Cómo era posible que la vida onírica de Julia fuera tan distinta a su vida real y por qué era tan macabra? ¿De dónde salían esas pesadillas tan violentas?

Las culturas indígenas atribuían las pesadillas a fuerzas externas: espíritus malignos, demonios u otros seres malévolos. Hay culturas que ni siquiera tienen una palabra para referirse a las pesadillas, que consideran ventanas a los bordes de la conciencia. Lo cierto es que las pesadillas, como el resto de los sueños, son producto de la neurobiología. En última instancia, los artífices de las oscuras visiones de las pesadillas somos nosotros.

Para muchos de nosotros, las pesadillas son una especie de efecto secundario no deseado del sueño. Al fin y al cabo, nos aterran y nos despiertan. A veces, incluso les tememos y su recuerdo nos persigue durante el día. Sin embargo, son necesarias, e incluso beneficiosas, de maneras que quizás nunca hubieras imaginado.

Para entender las pesadillas, resulta útil tener en cuenta la edad de la persona que las tiene, su origen y la función que podrían desempeñar. Por supuesto, es imposible dividir con precisión absoluta ninguna de las características de la mente, pero estas distinciones facilitan explorarla. Este capítulo se centra en las pesadillas que todos tenemos durante la infancia y que, en algunos casos, persisten hasta la edad adulta. Es posible que sean universales porque, durante la infancia, ayudan a los niños a cultivar su identidad y a desarrollar el sentido del yo. Son aterradoras, pero casi nunca interfieren en la vida cotidiana del niño.

Hay otro tipo de pesadillas, que normalmente experimentan los adultos, y que no solo los aterran durante el sueño, sino que interfieren en su vida cotidiana y sirven como una especie de termómetro psicológico. Pueden ser consecuencia del estrés, de la ansiedad o del trauma. Si son lo bastante crónicas o severas, se pueden calificar de trastorno de pesadillas. En el capítulo 5, «Los sueños y la salud», hablaremos de las pesadillas inducidas por el trauma.

Sin embargo, antes de eso, ¿qué diferencia a las pesadillas del resto de los sueños?

Más que un mal sueño

No debemos confundir las pesadillas con sueños desagradables o lo que a veces llamamos «mal sueño». Un mal sueño es sencillamente un sueño con una valencia emocional negativa: perdemos el autobús o tenemos una conversación desagradable con un compañero de trabajo. Por el contrario, las pesadillas se caracterizan por ser sueños largos, vívidos y aterradores que siempre nos despiertan.

Por lo general, la pesadilla trata de una amenaza a nuestra sobrevivencia, integridad física, seguridad o autoestima, y el campo emocional se caracteriza por el miedo. También puede producir emociones intensas de temor, ira, tristeza, confusión o incluso asco. Por definición, las pesadillas no solo nos obligan a despertarnos, sino también a recordar vívidamente lo que sea que nos ha asustado tanto.

El contenido de las pesadillas difiere de manera significativa del de las otras categorías de sueño principales, el sueño agradable y el sueño en busca de un objetivo. Estos sueños tienden a ser más metafóricos que literales, mientras que las pesadillas acostumbran a ser más literales que metafóricas. En una pesadilla, la amenaza es real. Nuestro yo onírico es objeto de un ataque.

Las pesadillas también se diferencian en otro aspecto. En sueños de otro tipo, solemos ser capaces de inferir los motivos y las emociones del resto de los personajes. En las pesadillas, perdemos la capacidad de leer mentes. Al enfrentarnos a una amenaza realista por parte de un enemigo al que no podemos leer, nuestro sentido del yo se intensifica. En las pesadillas, somos nosotros contra el «otro».

Un mito tan popular como persistente afirma que es imposible morir en sueños y que, en todo caso, soñar que uno muere significa que morirá pronto en la vida real. Este mito erróneo de origen desconocido ha persistido a lo largo de generaciones. Sin embargo, sí que es posible soñar que morimos, aunque casi siempre despertamos antes de que suceda.

Aunque el contenido de los sueños no nos pueda matar, el estrés fisiológico consecuencia de los sueños más emocionales sí que puede hacerlo. Completamos un ciclo de sueño aproximadamente cada noventa minutos: sueño ligero, sueño profundo y sueño de movimientos oculares rápidos (REM), que es cuando experimentamos los sueños más vívidos y emocionales. La fase REM se alarga y produce sueños de cada vez mayor intensidad emocional a cada ciclo de sueño que completamos por la noche. Por lo tanto, no nos debería extrañar que el último periodo de sueño REM antes del despertar se asocie a un aumento del riesgo de paro cardiaco.

La amígdala, la región cerebral que procesa las emociones, se activa durante las pesadillas. La respiración se acelera y se vuelve irregular, sudamos y la frecuencia cardiaca aumenta. El registro de la frecuencia cardiaca de una persona reveló que, durante la pesadilla, las pulsaciones se dispararon de sesenta y cuatro latidos por minuto a ciento cincuenta y dos en cuestión de treinta segundos. Sin embargo, la mayoría de las pesadillas no dejan una huella duradera en el cuerpo, a pesar de que su contenido nos quede profundamente grabado en la psique.

Por mucho que las pesadillas nos perturben, sacudan o cambien, siguen siendo, en gran medida, un misterio. Es difícil identificar y cuantificar el origen de su capacidad para perturbarnos. Son una montaña rusa subjetiva, íntima, visual y emocional que experimentamos mientras dormimos y que nuestra conciencia subjetiva evalúa cuando despertamos.

Las pesadillas son universales y, hasta donde sabemos, siempre han formado parte de la condición humana. No son una falla ni una aberración que afecte aleatoriamente a unas personas y esquive a otras. Todos tenemos pesadillas. No están limitadas por las experiencias personales, la alimentación, la edad o los hábitos. La más benigna de las infancias no es un antídoto contra las pesadillas.

La temática de las pesadillas tampoco es aleatoria. No son disparos neuronales esporádicos con una siniestra música de órgano como banda sonora. Los argumentos de las pesadillas son predecibles. Los cinco temas más frecuentes en todo el mundo y a lo largo del tiempo son fracaso e impotencia, agresión física, accidentes, ser perseguido y problemas de salud o muerte. El primer sueño que recordamos acostumbra a ser una pesadilla y la mayoría de nosotros podemos identificar una pesadilla que ha reaparecido de forma periódica a lo largo de nuestra vida y que hace que nos despertemos, conmocionados.

Los niños tienen más pesadillas

¿Alguna vez te has preguntado para qué sirven las pesadillas? ¿Qué beneficio nos pueden ofrecer? Personalmente, creo que nos son útiles de varias maneras y no solo de forma individual, sino también como especie. Recibimos el beneficio más importante a una edad muy temprana; quizás te sorprenda.

Las pesadillas siguen un patrón curiosamente predecible a lo largo de la vida. Para empezar, se estima que los niños tienen cinco veces más pesadillas que los adultos. Las pesadillas infantiles suelen tener que ver con caídas, persecuciones y presencias malignas. En registros de sueños llevados a cabo en todo el mundo y en todas las culturas, los niños sueñan con monstruos, demonios y seres sobrenaturales. ¿Cómo es eso posible? ¿Cómo puede ser que niños a quienes se cría con amor y a quienes se cuida y protege también conjuren monstruos nocturnos?

Quizás nunca podamos demostrar sin lugar a duda cómo y por qué ha surgido esta característica de la infancia, pero especular al respecto resulta muy tentador si tenemos en cuenta los patrones y los temas de las pesadillas.

Pensemos primero en el terreno en el que proliferan estos sueños aterradores. Las pesadillas infantiles llegan en un periodo de crecimiento cognitivo explosivo. El lenguaje y las habilidades sociales se disparan. Al tiempo que en casa se relacionan con sus padres y hermanos y en la escuela con sus amigos y otros iguales, los niños empiezan a desarrollar la noción de quiénes son en el mundo. En esa misma etapa, por la noche, experimentan pesadillas frecuentes. En mi opinión, estos dos aspectos de sus vidas están relacionados.

Y lo pienso porque, tal y como hemos visto en el capítulo 1, no nacemos siendo capaces de soñar; desarrollamos la capacidad de soñar durante la infancia. Los sueños de los niños crecen a la par que su imaginación durante los periodos de vigilia. A medida que desarrollan las habilidades visoespaciales que los hacen capaces de imaginar un mundo tridimensional, sus sueños se empiezan a parecer a videos en lugar de a fotografías. Cuando cumplen los cinco años, comienzan a aparecer figuras y personajes en sus sueños. Es una fase normal del desarrollo, igual que aprender a gatear, a caminar o a pedalear. Y es entonces cuando aparecen las pesadillas.

Una de las cosas que hace que las pesadillas sean aún más terroríficas para los niños pequeños es que estos aún no distinguen entre los sueños y la realidad. La frase «solo es un sueño» no significa nada para un niño de cinco años. Lo sabemos gracias a la extensa investigación acerca de a qué edad empiezan los niños a entender que sus sueños son privados, que son eventos imaginados que los demás no ven. Es muy poco probable que la aparición simultánea del yo onírico y de las pesadillas sea una casualidad. Podría ser que las pesadillas sean un proceso cognitivo universal que todos los niños cultivan y gracias al que forjan un sentido de sí mismos como mentes independientes y separadas de los demás. Es posible que incluso los ayude a diferenciar entre los pensamientos que sueñan y los pensamientos que tienen mientras están despiertos.

De adultos, no dedicamos demasiado tiempo a pensar en la noción del yo. Nuestro yo está plenamente formado. Sabemos quiénes somos. Entendemos que existimos en tanto que individuos y somos conscientes de nuestra personalidad y características físicas, de nuestros pensamientos y emociones, y de quiénes somos en relación con los demás: padre, madre, hijo, hermano, pareja, amigo, adversario, compañero de trabajo, etc. Ser humano consiste, sobre todo, en navegar por un paisaje social complejo. A veces, nos referimos a esa sensación interna y externa de quiénes somos como el yo narrativo y el yo social. De niños, todo ello es un territorio inexplorado. El desarrollo de la individualidad es un proceso de aprendizaje. Los niños pequeños justo empiezan a entender que tienen su propia vida interna, rica y única, además de su propio lugar en el mundo real, en la familia, tribu, ciudad, barrio, escuela, sociedad y cultura. Una vez que han desarrollado el sentido de quiénes son, es más probable que se muestren más independientes y seguros de sí mismos y que estén más dispuestos a probar y a aprender cosas nuevas.

Ahora pensemos en las pesadillas típicas de los niños de cinco o seis años, en las que el soñador se enfrenta a algún monstruo. Los niños explican a los investigadores que los monstruos que los atacan en sueños intentan invadir su mente. Piensa en ello: los niños usan su mente para crear criaturas que se enfrentan a su propia mente. El soñador contra un «otro» malvado. Su sentido del yo no se ve amenazado de este modo en ninguna otra faceta de sus jóvenes vidas.

A medida que crece, la cantidad de pesadillas que tiene el niño refleja cómo su mente madura y toma forma. Por ejemplo, la frecuencia de las pesadillas no disminuye hasta aproximadamente los diez años. A partir de los doce años, las niñas suelen tener más pesadillas que los niños, y sus pesadillas están dominadas por agresores en forma de seres humanos y animales pequeños, mientras que las de los niños siguen pobladas de monstruos y de animales grandes. La investigación sugiere que es muy posible que la socialización sea un factor importante en estas diferencias, que empiezan a disminuir tras la adolescencia.

Como es de esperar, los amigos y los dramas sociales desempeñan una función más importante en los sueños de los adolescentes, un periodo en el que los sueños comienzan también a ser más sexuales. Con la maduración cognitiva que acompaña a esta etapa, la frecuencia de las pesadillas disminuye. Las excepciones más habituales son adolescentes con trastorno de estrés postraumático (TEPT) o algún trastorno mental. Las personas como Julia, cuyas pesadillas frecuentes aparecen en la edad adulta sin causa aparente son aún menos comunes. Al igual que las que se dan en la etapa infantil, son pesadillas que surgen de la imaginación, pero no interfieren seriamente en el sueño ni causan problemas durante el día ni provocan miedo a acostarse. Son síntomas del trastorno de pesadillas, del que hablaremos en el capítulo 5.

Aunque aún podemos tener pesadillas en la edad adulta, estas acostumbran a ser mucho menos habituales (quizás ocurren una vez al mes) y pueden ser consecuencia del estrés. Los niños también pueden tener pesadillas debidas al estrés o la ansiedad.

La temática de las pesadillas evoluciona a medida que nos adentramos en la edad adulta. Los monstruos de las pesadillas infantiles dejan de ser los protagonistas y es mucho más probable que las pesadillas incluyan conflictos interpersonales o temas relacionados con el fracaso o la impotencia. También cuentan con una proporción mucho mayor de personajes desconocidos. Sin embargo, tal y como ya sabemos, hay un elemento cardinal de las pesadillas que se mantiene constante desde la infancia hasta la edad adulta: en la pesadilla, ya tenga que ver con un monstruo o con la sensación de impotencia, lo que se ve amenazado es el yo onírico.

Las pesadillas imaginadas, como los sueños, son un hito cognitivo. Si estudiamos la trayectoria de las pesadillas a lo largo de la escena más amplia que es la vida soñada, se hace evidente que son el tipo de sueño más extraordinario, porque entrenan a la mente de un modo imposible para las experiencias y nos ayudan a moldear nuestra identidad y a forjar nuestro yo. En otras palabras, es muy probable que sean un elemento necesario para nuestro desarrollo.

La neurobiología de las pesadillas

En la década de 1950, Wilder Penfield, un neurocirujano pionero, desarrolló una intervención con el paciente despierto para tratar la epilepsia y vislumbró sin esperarlo la capacidad de permanencia de las pesadillas.[2] Cuando aplicaba la sonda eléctrica, activaba recuerdos vívidos y precisos del pasado del paciente: una mujer que daba a luz a su hijo, un hombre que oía a su madre hablar por teléfono, una canción en el tocadiscos... Los pacientes describían la experiencia como «más real que un recuerdo». Penfield también activó repetidamente un patrón de sueño concreto: la pesadilla.

Una niña de catorce años reportó una experiencia terrible de su infancia que se había convertido en una pesadilla recurrente. Estaba paseando por el campo. Sus hermanos se habían adelantado en el camino y un hombre la seguía. El hombre le dijo que llevaba serpientes en la bolsa y ella se echó a correr para huir del desconocido y reunirse con sus hermanos, una escena que repetía en sus pesadillas. Cada vez que la sonda de Penfield tocaba un punto concreto del cerebro, activaba la escena, que precedía a las crisis epilépticas de la niña.

En la historia de la paciente a la que operé despierta con la que he abierto el primer capítulo, también estaba cartografiando su lóbulo temporal cuando activé una pesadilla. Por lo general, retirar la sonda detiene la pesadilla. Sin embargo, a veces, el «interruptor» se atora y la pesadilla persiste. Esto sucede porque las pesadillas, como toda la cognición, se alimentan del flujo de electricidad en el cerebro, de neurona a neurona, millones y millones de veces. La sonda eléctrica activa la corriente de electricidad, pero la actividad neuronal puede seguir de forma autónoma, como un tren a la fuga, con un bucle terrorífico que se retroalimenta a sí mismo.

Cuando esto sucedía, tenía que interrumpir el circuito de electricidad en esa región concreta del cerebro de la paciente para detener la pesadilla. Y lo hacía de la manera más elemental posible: usando agua para apagar el fuego. Tal y como lo habría hecho Penfield. Vertía poco a poco agua estéril fría sobre la corteza cerebral expuesta para extinguir la actividad eléctrica y detener la pesadilla. La paciente no sentía nada, pero el agua fría ralentizaba el metabolismo de las neuronas y entorpecía la activación de su potencial eléctrico. Y la pesadilla se detenía.

Lo que más me sorprende de la experiencia de Penfield (y de la mía) con las intervenciones con el paciente despierto es constatar que las pesadillas acaban formando parte de la arquitectura neuronal del cerebro. Escenas aterradoras y concretas echan raíces en la corteza cerebral y quedan codificadas de tal manera que se pueden recordar una y otra vez con total fidelidad. Las pesadillas perduran.

La ciencia confirma la utilidad de las pesadillas

Las pesadillas son emocionalmente agotadoras y fisiológicamente costosas. Pueden acelerar la frecuencia respiratoria y cardiaca y desencadenar emociones muy intensas. Todo esto exige mucha energía. Tal y como hemos visto una y otra vez, todo rasgo o conducta que consume mucha energía (y las pesadillas consumen muchísima) se debe ganar el pan. En otras palabras, no malgastaríamos valiosísima energía en pesadillas si no fueran útiles de algún modo. Por eso, no podemos considerarlas como meras reliquias cerebrales, como un vestigio evolutivo como el apéndice, antaño útil y ahora viajando sin hacer gran cosa. Dado lo mucho que invertimos en ellas, las pesadillas se deben haber ganado de algún modo el derecho a sobrevivir a lo largo de generaciones de presiones evolutivas. Creo que, si han persistido, es porque son útiles.

Antes de ver en qué consiste exactamente la utilidad de las pesadillas, hablemos de otro elemento que las diferencia de los sueños en general: las pesadillas se pueden transmitir de generación en generación. Los investigadores han descubierto que las pesadillas más frecuentes se agrupan en familias, y un estudio que examinó a más de 3 500 parejas de gemelos y mellizos finlandeses halló variantes genéticas asociadas a las pesadillas.[3] Si la probabilidad de tener pesadillas se transmite genéticamente, ¿es posible que las pesadillas concretas se transmitan también? ¿Podría ser que los guiones de las pesadillas clásicas se transfieran de una generación a otra? Al fin y al cabo, a excepción de las derivadas del TEPT, la mayoría de las pesadillas no tienen nada que ver con el trauma que sufrimos cuando estamos despiertos, sino que siguen guiones trillados de terror y miedo. Una bestia salvaje nos persigue. Caemos por un precipicio. Nos atacan. ¿Están esos guiones grabados en las dobles hebras de nuestro código genético?

No se trata de una idea descabellada. El principio básico de la psicología evolutiva es que los rasgos conductuales beneficiosos se transmiten de una generación a la siguiente y que la conducta sigue la misma selección natural que los rasgos físicos. Por ejemplo, ahora se acepta de forma generalizada que los genes influyen en habilidades cognitivas como la atención y la memoria de trabajo. También se dice que desempeñan un papel importante en rasgos como la propensión a la felicidad o a la asunción de riesgos.

La epigenética es otro de los mecanismos mediante los que una generación puede pasar a la siguiente rasgos conductuales aprendidos. La epigenética no modifica el ADN, pero sí que influye en qué genes se activan o no. La epigenética permite que ciertos rasgos se transmitan a la generación siguiente sin tener que esperar a cambios glaciales a nivel genético. En otras palabras, no es necesario que el ADN mute para que el código genético se exprese de una manera distinta.

Hay pruebas que apuntan a que la epigenética determina rasgos conductuales, como hace con los físicos. Un equipo de investigadores que estudiaba el *C. elegans*, un gusano predilecto entre la comunidad investigadora, concluyó que, cuando los individuos de una generación aprendían a evitar bacterias peligrosas, transmitían la conducta evitativa a la siguiente.[4]

La epigenética también permite a los seres humanos transmitir rasgos aprendidos de una generación a la siguiente. El ADN de casi todas las células contiene un ovillo de código genético de ciento ochenta centímetros de longitud que es el mapa genético de todo el cuerpo humano. Las células se diferencian en neuronas, células de la piel y células de otros tipos eligiendo qué parte de todo ese código copian y determinando qué proteínas sintetizan. Los cambios medioambientales también pueden hacer que distintas partes del código se copien o se obvien, lo que da lugar a la síntesis de proteínas diferentes. El cuerpo lleva a cabo este proceso produciendo marcadores moleculares que o suprimen o activan copias de cada parte del ADN.

Por ejemplo, si fumas o te ves expuesto a toxinas medioambientales, aparecerán marcadores que modificarán la expresión de tu ADN, al menos temporalmente. Si viéramos el ADN como el mapa de toda una casa, la expresión genética determinaría si en un punto concreto hay que construir una puerta o una ventana. La expresión genética de una generación se puede transmitir a la siguiente, de padres a hijos. Si dejas de fumar o evitas la toxina medioambiental, tu ADN acabará volviendo a la normalidad.

Dado que la predisposición a pesadillas se puede transmitir de padres a hijos, no puedo evitar preguntarme si los sueños de nuestros antepasados siguen reverberando en nuestra mente dormida gracias a la epigenética.

Parálisis del sueño: la pesadilla original

Imagina que te despiertas por la mañana, incapaz de moverte, invadido por el temor, hiperventilando de terror y con la sensación de tener un enorme peso sobre el pecho que te impide respirar. Quizás oyes una especie de zumbido o sientes descargas eléctricas o vibraciones por el cuerpo; tienes la sensación de estar flotando o de que alguien te toca; tienes alucinaciones sonoras, como carcajadas diabólicas, o ves a una persona, animal o presencia maligna junto a ti, sobre ti, amenazándote, ahogándote o penetrándote. Es lo que se conoce como parálisis del sueño.

Se estima que hasta un 40% de la población general ha experimentado parálisis del sueño al menos una vez. Es tan omnipresente que culturas de todo el mundo han llegado a explicaciones distintas, aunque sorprendentemente similares, para explicarla. En la antigua Mesopotamia, culpaban a un íncubo, un demonio masculino que quiere mantener relaciones sexuales con mujeres que duermen, o a su equivalente femenino, el súcubo. En la región italiana de Abruzo, al este de Roma, se culpaba a una bruja malvada llamada *pandafeche*. En Egipto, se atribuía la experiencia a la presencia de un espíritu maligno llamado *jinn*. En China, era por la visita de un fantasma. Los inuits lo explicaban como el ataque de un chamán al alma vulnerable de la persona que sueña. Johann Heinrich Füssli, un artista suizo del siglo XVIII, pintó la parálisis del sueño como un duende diabólico sentado sobre el busto de una mujer dormida. Más recientemente, se ha culpado a alienígenas empeñados en abducir al durmiente. ¿Cómo, si no, explicar algo tan aterrador, psicodélico y estremecedor como la parálisis del sueño?

En inglés, la palabra para pesadilla es *nightmare*, un vocablo que se remonta hacia el año 1300 d. C. y que, originalmente, eran dos palabras: *night-mare*. Una *mare* era un espíritu maligno que atormentaba a personas que dormían. A veces, la parálisis del sueño puede dar la sensación de ser agredido sexualmente mientras se está paralizado, de ahí la creencia de que un íncubo o un súcubo era el responsable de la aterradora experiencia.

Una de las primeras descripciones clínicas que se publicaron acerca del fenómeno se remonta a 1644; aparece en la obra del médico neerlandés Isbrand van Diemerbroeck, que tituló al informe de caso *Incubus, or the Night-Mare*. Su descripción capta vívidamente el pánico y el terror de la experiencia: «Por la noche, cuando se disponía a dormir, a veces tenía la sensación de que un demonio se tendía sobre ella y la sujetaba, a veces le parecía que un perro enorme o un ladrón la asfixiaban sentándose en su pecho, de modo que apenas podía hablar o respirar».

La parálisis del sueño tiene dos características fundamentales: el cuerpo queda paralizado y la persona tiene la sensación de que se asfixia. Lo que resulta aún más aterrador es que estas sensaciones físicas acostumbran a estar acompañadas de la siniestra sensación de que hay un intruso cerca o de alucinaciones de una bestia agazapada sobre el pecho de la persona. Veamos cómo explica la neurociencia que todo esto suceda al mismo tiempo.

La parálisis durante el sueño es absolutamente vital y nos mantiene a salvo durante los sueños más vívidos. De otro modo, los actuaríamos, algo que se ve en pacientes con trastorno de conducta del sueño, por el que el cerebro de la persona está dormido, pero el cuerpo está despierto (hablaremos más de ello en el capítulo 5). Como resultado, dan patadas, se agitan y gritan mientras duermen. La parálisis del sueño es la otra cara de la moneda. El cerebro se despierta, pero el cuerpo sigue dormido y paralizado. En otras palabras, la persona queda atrapada en su cuerpo.

La sensación de asfixia y de tener un peso sobre el pecho durante la parálisis del sueño se explica porque hay unos músculos que quedan paralizados mientras dormimos y otros que no. El diafragma es el principal músculo que usamos para llenar los pulmones de aire y, para que podamos seguir respirando, no se ve afectado por la parálisis que inmoviliza algunos músculos cuando dormimos, mientras que sí que quedan paralizados músculos respiratorios intercostales y otros que tenemos en el cuello que facilitan la máxima expansión de la caja torácica para que el aire llegue hasta el último rincón de los pulmones cuando estamos despiertos. Usamos estos «músculos complementarios» cuando corremos cuesta arriba... o cuando nos aterra la idea de que una presencia maligna pueda estar al acecho. Cuando estos músculos se paralizan, sentimos que nos asfixiamos. Intentamos respirar, pero no podemos tomar tanto aire como queremos. Creo que esto explica la sensación de ahogo.

El elemento más común de la parálisis del sueño y que se refiere en todos los pueblos y culturas es la sensación de que hay un intruso acechando. Es probable que el origen de este fenómeno tan extraño como potente esté en la activación de una parte del cerebro llamada unión temporoparietal, que se encuentra sobre y detrás de las orejas. Es la parte del cerebro que bordea los lóbulos temporal y parietal y suscita una combinación única de fenómenos cuando se estimula. La hiperactividad en esta parte del cerebro lleva a que las personas con esquizofrenia atribuyan a otros su propia conducta. Sin embargo, es posible que la neurocirugía con el paciente despierto ofrezca las pruebas más convincentes acerca de la participación de esta parte del cerebro.

La estimulación eléctrica de la unión temporoparietal puede inducir la ilusión de una sombra cerca del paciente. En un estudio de caso de una mujer de veintidós años a quien se practicó una neurocirugía mientras estaba despierta para tratar la epilepsia que sufría, la estimulación eléctrica de la unión temporoparietal le produjo la sensación de que había alguien detrás de ella.[5] La estimulación eléctrica se repitió dos veces más. En cada una de ellas, la paciente, que estaba tendida en la camilla, refirió la sensación de que había un hombre escondido detrás de ella. Cuando se volvió a aplicar la estimulación eléctrica, la mujer se sentó y se llevó las rodillas al pecho. Dijo que, ahora, el hombre la estaba abrazando y que la sensación era muy desagradable. Cuando se le pidió que sostuviera una tarjeta para llevar a cabo una prueba de lenguaje, dijo que el hombre intentaba arrebatársela. No solo veía a otra persona en el quirófano, sino que atribuía motivaciones hostiles a su conducta.

Sabemos que la unión temporoparietal usa el sentido del tacto y la retroalimentación para que el cerebro sepa dónde está el cuerpo, dónde termina y dónde empieza otro cuerpo. Parece probable que la sombra que protagoniza la parálisis del sueño sea el resultado de una alteración eléctrica en esta parte del cerebro, que entonces crea un «otro» malévolo o siniestro en el borde borroso de nuestro cuerpo imaginado.

Las alucinaciones son la última parte de la parálisis del sueño, y también la más difícil de explicar: duendes, demonios, íncubos y súcubos, fantasmas y alienígenas que moran en el espacio entre el sueño y la vigilia. La base científica del fenómeno se nos sigue escapando y es difícil de explicar. Si tuviera que aventurar una hipótesis, incluiría algún tipo de desajuste entre la activación de la serotonina cuando nos despertamos y el de otros neurotransmisores que intervienen en la activación del cuerpo. En última instancia, estas alucinaciones se asemejan a experiencias psicodélicas intensas que dependen de la modulación de la serotonina.

La serotonina se conoce sobre todo por ser el neurotransmisor que potencian los antidepresivos ISRS (inhibidores selectivos de la recaptación de serotonina). Sin embargo, su función principal no tiene que ver ni con la depresión ni con el estado de ánimo, sino con la promoción de la alerta y la vigilia y con la supresión del sueño REM. Durante el sueño, los niveles de serotonina se desploman hasta desaparecer. Cuando nos despertamos, la serotonina recupera su nivel normal.

Por supuesto, la parálisis del sueño no es un fenómeno puramente físico. De la misma manera que el cerebro que sueña hilvana una historia en busca de la cohesión y el consuelo que proporciona, el cerebro busca dar sentido a las sensaciones extrañas y terribles que experimenta durante la parálisis del sueño. La cultura y las creencias desempeñan un papel importante. Aunque quizás sea difícil de creer, el lugar donde se ha criado la persona que sueña y las creencias que mantiene pueden alterar profundamente la experiencia de la parálisis del sueño. Si ha crecido en Italia, Egipto u otro lugar en el que la cultura popular culpe de la parálisis del sueño a brujas malvadas, demonios u otras fuerzas malignas, la experimentará de un modo distinto, y quizás peor, que otra persona que haya crecido en un país sin esos mitos. La actitud importa.

Piensa en ello. Si te despiertas y descubres que estás paralizado, el nivel de pánico que sientas será mucho mayor si crees que hay un ser malvado al acecho o que el malestar físico es consecuencia del ataque de una fuerza maligna. Aterrorizado, te costará más respirar, la presión sobre el pecho aumentará y la experiencia será más traumática.

¿Qué puedes hacer si te despiertas y sufres parálisis del sueño? ¿Cómo se supone que has de afrontar la sensación de ahogo, el peso sobre el pecho, las alucinaciones y el miedo? Pocas cosas resultan más aterradoras. La clave reside en recurrir a la mente, que sí está despierta, para afrontar las señales surrealistas y aterradoras que está recibiendo. La mente ha creado la sensación de miedo y terror, por lo que puedes usarla para desactivarla y para reducir el pánico y la respuesta de huida o lucha.

Si experimentas parálisis del sueño, no intentes moverte y recuérdate que lo que te sucede es benigno y temporal y que no debes tener miedo. Es buena idea mantener los ojos cerrados y decirte que toda presencia que percibas junto a ti es imaginada. Meditar acerca de algo positivo también puede ser útil.

Cómo aliviar las pesadillas

Volvamos a Julia, el estudio de caso con el que hemos comenzado el capítulo. Tras la pesadilla, a veces se despertaba temblando, con el rostro inundado de lágrimas. Al día siguiente, seguía ansiosa, por los vestigios de la intensa emoción que le había provocado la pesadilla.

Como las pesadillas son los sueños más intensos y más difíciles de olvidar, pueden elevar el nivel de ansiedad durante el día, como le sucedía a Julia. El día después de una pesadilla, la mayoría de las personas están más ansiosas y tienen un estado emocional menos estable que en las noches en las que no han tenido pesadillas. En un estudio, las enfermeras que llevaban un diario de sueños tenían más pesadillas después de un día estresante, y tenían días más estresantes después de una pesadilla. En otras palabras, es posible entrar en un bucle tóxico de pesadillas y estrés.

Una respuesta habitual a las pesadillas frecuentes es evitar el sueño por completo. Al fin y al cabo, es imposible tener pesadillas si no se duerme. Por desgracia, este tipo de insomnio autoinducido solo consigue desalinear todavía más los ritmos circadianos, lo que, a su vez, solo consigue producir más pesadillas. Entonces, ¿cómo afrontar las pesadillas recurrentes que no son producto de un trauma?

En primer lugar, debemos recordar que los sueños son un acto de la imaginación extraordinario. Y, como forma más elaborada del sueño, no hay mayor acto imaginativo que una pesadilla. Cuando soñamos, la atención se dirige hacia el interior y la red imaginativa se activa. Sin embargo, eso no significa que opere de forma autónoma; por el contrario, es producto del cerebro y se ve influida por nuestro estado emocional. Esto significa que podemos desempeñar un papel activo en los sueños.

Los investigadores han demostrado que un proceso llamado *autosugestión*, o *incubación de sueños*, puede ayudar a orientar los sueños en direcciones concretas. Funciona del siguiente modo: cuando te acuestes, di en voz alta «Quiero soñar X». Aún mejor, crea una imagen mental de la persona o cuestión acerca de la que quieras soñar. También puedes poner en la mesita de noche una imagen de la persona o del tema. Los sueños son visuales. Si haces lo que te acabo de proponer, hablarás en el lenguaje de los sueños.

Como la ansiedad y el estrés pueden provocar pesadillas, la terapia y otras técnicas que reducen la ansiedad durante el día pueden reducir también la frecuencia de las pesadillas durante la noche. Se cree que adoptar un ritual que nos calme a la hora de acostarse, como meditar o hacer yoga, también es útil, dado que los sueños reflejan nuestro estado emocional. Si cambiamos cómo nos sentimos justo antes de acostarnos, es más probable que podamos influir en nuestros sueños.

Tras toda una vida de pesadillas violentas y frecuentes invadiendo su por lo demás pacífica vida, Julia siguió el consejo de una amiga y acudió a un terapeuta para probar una técnica llamada *terapia de ensayo en imaginación*. El objetivo de esta terapia es desarmar las pesadillas reescribiéndolas desde el principio. La terapia de ensayo en imaginación está guiada por un terapeuta profesional y suele consistir en un proceso en dos pasos y cuatro sesiones de dos horas cada una. Las dos primeras sesiones ahondan en el impacto de las pesadillas sobre el sueño y en cómo las pesadillas se pueden convertir en conductas aprendidas. Las dos últimas sesiones enseñan a usar la imaginación y el ensayo durante el día para transformar la pesadilla en otra cosa. Es posible que la terapia de ensayo en imaginación parezca una solución demasiado simple para algo tan profundo y perturbador como las pesadillas nocturnas. Sin embargo, estudios bien diseñados han investigado esta técnica con rigor y han demostrado que sus beneficios persisten mucho después de que las sesiones de terapia hayan terminado.

En el caso de Julia, la terapia de ensayo en imaginación consistió en pensar en una pesadilla recurrente que tenía y cambiar el argumento de violencia y terror original para transformarlo en algo más agradable, incluso alegre, y repetirse esa historia a sí misma mientras estaba despierta. Resulta que la manera en que desmontamos las pesadillas aclara el origen de estas. Las pesadillas, como todos los sueños, son el producto de nuestra imaginación. Podemos usar la misma imaginación que da lugar a la pesadilla para romper el terrible maleficio con que nos apresa. Podemos tratar frutos de nuestra imaginación salvajes y oscuros para transformarlos en versiones más luminosas de la misma historia. La terapia de ensayo en imaginación permite escribir o visualizar argumentos para sueños nuevos y más benignos, en los que incluimos detalles tan específicos como nos sea posible.

Julia decidió probar esta técnica con una pesadilla recurrente especialmente perturbadora. Como muchas pesadillas, esta comenzaba como un sueño normal. Primero, se veía paseando por un pintoresco pueblo del sur de España con su mejor amiga. Entonces, de repente, todo empeoraba. Empezaban a caer bombas del cielo y se desataban el caos y la muerte. Julia y su amiga se echaban a correr, aterrorizadas, e intentaban escapar, pero nunca encontraban la salida. Julia usó la terapia de ensayo en imaginación para reescribir el guion de su historia. Por consejo de su terapeuta añadió detalles sensoriales, como olores, texturas y sabores. El sueño reimaginado comenzaba igual que la pesadilla, con un paseo por un bonito pueblo andaluz, pero en lugar de ver bombas cayendo del cielo sobre las casas antiguas, ella y su amiga salían de excursión y se sentaban en un parque fragante lleno de flores y salpicado de árboles antiguos que dejaban pasar una brisa que les acariciaba el rostro. Julia escribió la nueva versión, ahora agradable, de la pesadilla y durante un par de semanas se la leyó a sí misma cada tarde. Mientras leía lo que había escrito, se imaginaba el sueño revisado con todo detalle.

Al principio, Julia era escéptica. ¿De verdad sería tan simple la solución a sus pesadillas? Para su sorpresa, la terapia de ensayo en imaginación funcionó.

Probó el método con otras pesadillas que la atormentaban. En la pesadilla de un hombre que la perseguía por una calle solitaria en plena noche, la intención no era hacerle daño, sino devolverle algo que se le había caído. Con los nuevos argumentos, las pesadillas de Julia comenzaban de la misma manera, pero los finales eran distintos y acababan de forma benigna o incluso agradable. Cuatro años después de la terapia de ensayo en imaginación, Julia sigue casi sin tener pesadillas.

Nunca llegó a identificar con claridad el origen de sus pesadillas. Aparentemente, vivía una vida sin la ansiedad y el estrés que las pueden provocar. No reportó estar deprimida ni aludió a traumas anteriores que pudieran generar pesadillas. Tal y como veremos en el capítulo 5, a veces las pesadillas recurrentes que comienzan en la edad adulta pueden ser un signo de problemas de salud más graves, pero no parece que este fuera el caso de Julia, cuyas pesadillas habituales habían empezado en la infancia. Es posible que fuera, sencillamente, una de esas personas para quienes las pesadillas infantiles nunca se van y se convierten en un proceso cognitivo que queda grabado en la juventud y nunca se silencia del todo.

Los sueños lúcidos también pueden ser efectivos para tratar las pesadillas crónicas. El sueño lúcido ocurre cuando uno sabe que está soñando mientras duerme (hablaremos más de ello en los capítulos 6 y 7). En lugar de reescribir el guion con antelación, las personas capaces de soñar con lucidez pueden cambiar las pesadillas sobre la marcha, mientras están sucediendo. La investigación ha demostrado que los sueños lúcidos no solo reducen la frecuencia de las pesadillas, sino que las vuelve menos aterradoras. Los investigadores del sueño lúcido también han descubierto que, si bien no todo el mundo es capaz de soñar lúcidamente mientras tiene una pesadilla, en general, los participantes de los diferentes estudios reportaron menos pesadillas y de cambios en las pesadillas que seguían teniendo. Quizás, creer que es posible superar la pesadilla basta para cambiarla.

Una advertencia importante: mitigar las pesadillas recurrentes fruto del TEPT plantea dificultades distintas, porque estas no se originan en la imaginación de la persona que sueña, como las de Julia, sino en un trauma real. Las pesadillas que sufren las personas con TEPT son, básicamente, recuerdos del cerebro que duerme. Como estas pesadillas se basan en la realidad, los sueños asociados al trauma pueden ser más perturbadores que las pesadillas normales y no se pueden descartar como un mero producto perturbador de la imaginación. Desmontar este patrón de pesadillas activadas por el trauma ha sido difícil. Un fármaco que mitiga la respuesta de miedo y sobresalto ha resultado parcialmente efectivo, pero la medicación tiene efectos secundarios frecuentes como mareos, dolor de cabeza, somnolencia, debilidad y náuseas.

Barry Krakow, de la Universidad de Nuevo México, decidió averiguar si la terapia de ensayo en imaginación podría ser tan eficaz para aliviar las pesadillas recurrentes asociadas al TEPT como lo es en el caso de las pesadillas no inducidas por el TEPT.[6] Probó esta técnica con un grupo de sobrevivientes de agresiones sexuales que presentaban un TEPT moderado. Las participantes en el estudio asistieron a tres sesiones de tres horas cada una. Primero aprendieron que las pesadillas, que al principio las ayudaron a procesar emocionalmente el trauma, ya no servían a su propósito. Luego se les explicó que las pesadillas se podían afrontar como se afronta un hábito o una conducta aprendida que se quiere modificar. Para terminar, eligieron una pesadilla y se les pidió que la reescribieran como quisieran y que, luego, la ensayaran durante cinco-veinte minutos diarios, imaginando el sueño revisado. También se les pidió que evitaran hablar acerca del trauma o del contenido de las pesadillas. Krakow y su equipo siguieron a las participantes en el estudio a los tres y seis meses. Concluyeron que reescribir y ensayar las pesadillas modificadas las había ayudado a reducir la frecuencia de las pesadillas y a mejorar la calidad del sueño.

A primera vista, las pesadillas no tienen sentido. Son desagradables y no parece que tengan valor alguno para nuestra vida una vez que despertamos. Sin embargo, por perturbadoras que resulten, no son un error del sistema. Llegan a todos y cada uno de nosotros durante la infancia y están firmemente arraigadas en nuestra neurofisiología. Cultivan nuestras mentes jóvenes de un modo que resulta imposible para la experiencia vivida y nos ayudan a definir quiénes somos como individuos separados de las personas que nos rodean. En este sentido, las pesadillas contribuyen a formar la mente. Y, tal y como veremos en el capítulo siguiente acerca de los sueños eróticos, la mente también puede formar al cerebro.

3
Sueños eróticos: encarnar el deseo

Los sueños eróticos forman parte de la naturaleza humana y es imposible evitarlos, por mucho que uno quiera. La menopausia no les pone fin y la castración química tampoco basta para extinguirlos. Su existencia no depende de que seamos sexualmente activos o célibes o de que estemos casados o solteros. Los sueños eróticos son universales.

En cuestionarios llevados a cabo entre población general de todo el mundo, el 90% de ciudadanos británicos, el 87% de alemanes, el 77% de canadienses, el 70% de chinos, el 78% de japoneses y el 66% de estadounidenses reportaron que tenían sueños sexuales. Si la cuestión se plantea de un modo más general de modo que incluya no solo los sueños sexuales, sino también los eróticos, el porcentaje se dispara hasta superar con creces el 90%. Solo hay otro tipo de sueño básicamente universal: la pesadilla. Tanto las pesadillas como los sueños eróticos ejercen un impacto desproporcionado sobre nuestro día a día, lo que indica que, quizás, ese sea su propósito.

Se estima que uno de cada doce sueños contiene imágenes sexuales. Aunque hay ciertas discrepancias entre distintos estudios, parece que, en general, las imágenes más habituales en los sueños eróticos son, en este orden: besos, relaciones sexuales con penetración, abrazos sensuales, sexo oral y masturbación. El hecho de que los besos ocupen el primer lugar de la lista no debería sorprendernos si tenemos en cuenta que, al cartografiar la corteza cerebral para determinar la superficie dedicada a las distintas sensaciones, la lengua y los labios ocupan un espacio desproporcionadamente amplio.

Ya traten de besos o de cualquier otra cosa, es muy difícil pasar por alto los sueños eróticos, capaces tanto de ruborizarnos de placer como de abrumarnos de celos. Con frecuencia, resultan inquietantes. ¿Qué significa tener un sueño sexual con un ex? ¿Y si nuestra pareja tiene un sueño sexual con otra persona? ¿Nos debe preocupar lo que hemos soñado o lo que sueñe nuestra pareja? ¿Revelan los sueños algo acerca de lo que deseamos de verdad?

Los sueños eróticos son otra forma de imaginación

Se ha estudiado cómo influye el estado civil de las personas en los sueños eróticos y parece que los hombres solteros los tienen con más frecuencia que los que mantienen una relación estable. Por su parte, las mujeres reportan más sueños sexuales cuando echan de menos a su pareja o cuando están en pleno romance, mientras que los hombres no reportan un aumento similar cuando se encuentran en esas situaciones. Sin embargo, la vida en sueños de hombres y mujeres tiene un punto en común: casi todos somos infieles en sueños.

¿Cómo deberíamos interpretarlo? Somos los creadores de lo que soñamos y, por lo tanto, elegimos el elenco de los romances nocturnos, el escenario y la acción. Los sueños que conjuramos son nuestras producciones sensuales personales. Entonces, ¿soñar que somos infieles a nuestra pareja no sería una señal de que queremos ser infieles o que, al menos, no descartamos la idea? Si un sueño erótico no es nuestra libido liberada y sin filtros, ¿qué es?

Para responder a esta pregunta, antes debemos reflexionar acerca de qué son los sueños eróticos y cómo se producen. Tal y como hemos visto ya, todos los sueños son producto de nuestra imaginación y de la red imaginativa, una historia visual y emocional que no sigue las normas y la lógica de nuestra vida despierta. Cuando soñamos, la red ejecutiva descansa y la red imaginativa tiene plena libertad para establecer asociaciones y conexiones dispares entre los distintos recuerdos y personas que tienen un papel en nuestra vida. Mirar las cosas desde una perspectiva nueva nos ayuda a entender mejor nuestras experiencias pasadas y nos puede ofrecer una imagen más clara de qué podemos esperar en el futuro. La misma actitud liberada que adoptamos en sueños nos permite explorar situaciones no imaginadas o incluso inimaginables durante las horas de vigilia y que nos pueden llevar a pensar acerca de las personas en nuestra vida de maneras sorprendentes, perturbadoras e incluso eróticas.

Como la red ejecutiva se desactiva mientras soñamos, no podemos atajar esas ideaciones eróticas antes de que despeguen y, además, escapan a todo juicio, el nuestro incluido. En sueños, podemos imaginar encuentros y situaciones sexuales que serían tabús o inconcebibles en la vida real.

Los registros de sueños compilados por los investigadores revelan hasta qué punto nos liberamos cuando soñamos. En la mayoría de los casos, los sueños eróticos no recrean nuestra vida sexual real y, de hecho, si mantenemos una relación, la mayoría de los sueños eróticos no incluyen a nuestra pareja actual. Por el contrario, en ellos tendemos mucho más a la bisexualidad y a interacciones sexuales novedosas en general.

En sueños, somos libres de estar con quien queramos. Dada esa libertad, ¿a quién deseamos cuando soñamos? Quizás te sorprenda, pero en nuestros sueños eróticos no conjuramos a nuestra pareja sexual ideal. No creamos una quimera idealizada ni combinamos características deseables para generar la fantasía definitiva. Por lo general, imaginamos a alguien más próximo a nosotros, alguien prosaico, quizás incluso repelente, de nuestra vida cotidiana. Por eso, los sueños eróticos tienden a incluir a personas conocidas: exparejas, jefes o compañeros de trabajo, amigos o vecinos, o incluso miembros de la familia cuando somos más jóvenes. Cuatro de cada cinco sueños eróticos incluyen a alguien muy conocido para la persona que sueña y, por lo general, estos encuentros eróticos ocurren en lugares familiares.

Esto significa que también existen las pesadillas sexuales. Soñar con prácticas sexuales extrañas con personas raras o desagradables puede ser desconcertante, pero eso podría ser la red imaginativa explorando otro tipo de cognición social, quizás una dinámica de poder interpretada en un contexto erótico.

Por supuesto, los sueños eróticos también pueden incluir a personas famosas u otros personajes públicos o históricos. Es algo que podemos agradecer a lo que se conoce como *neurona Halle Berry*. Varias colaboraciones académicas importantes entre neurocirujanos y científicos descubrieron que tenemos neuronas específicas dedicadas a las personas y a los lugares que nos resultan más conocidos. Esto incluye a miembros de la familia, a nuestro hogar de la infancia y a personas y lugares famosos. Podemos tener una neurona que se activa para la Ópera de Sídney o la Torre Eiffel, por ejemplo. Del mismo modo, también tenemos neuronas que se activan para famosos concretos.

El profesor Rodrigo Quian Quiroga de la Universidad de Leicester (Inglaterra) hizo un descubrimiento sorprendente cuando estudió a pacientes a quienes había insertado unos cables finos como cabellos (electrodos) en la corteza cerebral como preparación para una intervención quirúrgica para tratar la epilepsia.[1] Los electrodos debían detectar señales eléctricas: el cerebro se activa con oleadas de actividad eléctrica y la epilepsia altera ese funcionamiento normal.

Se puede pensar en la epilepsia como en una tormenta eléctrica en el cerebro, con ondas cerebrales descontroladas que se imponen a la actividad cerebral normal. Por lo general, la epilepsia se puede controlar con fármacos, pero, cuando esto no es posible, los pacientes pueden optar por la neurocirugía. Para que la intervención sea efectiva, antes se debe saber con exactitud el punto en que se originan las crisis (lo que conocemos como *zona de activación ictal*) y cómo estas se propagan. La cartografía cerebral necesaria para averiguarlo se lleva a cabo durante días o semanas que los pacientes pasan en el hospital para hacer un registro de sus ondas cerebrales hasta que sufren una crisis. Una vez que se sabe dónde comienzan las crisis y cómo avanzan por el cerebro, se pueden detener quirúrgicamente diseccionando el tejido cerebral en la zona cero de la crisis.

Los pacientes que participaron en el estudio de Quian Quiroga llevaban electrodos intracraneales en las zonas donde se creía que comenzaban las crisis, los lóbulos temporales mediales, que descansan justo sobre y por delante de las orejas, y en las profundidades hacia el centro del cerebro. En los lóbulos temporales mediales habitan el hipocampo y la amígdala, dos estructuras clave asociadas a la memoria.

Quian Quiroga quería saber qué les sucedía a las neuronas individuales y usó los microelectrodos insertados y una técnica llamada *registro de células individuales* para analizar las señales recogidas por los electrodos intracraneales y determinar si neuronas específicas estaban disparando o no. Sería como observar una sola ola en el océano, en lugar de la marea en su conjunto. Registros de células individuales que ya se habían llevado a cabo en la Universidad de California en Los Ángeles habían demostrado que las neuronas individuales que se activan eléctricamente en el lóbulo temporal medial pueden distinguir entre rostros y objetos inanimados y entre expresiones emocionales específicas, como felicidad, tristeza, ira, sorpresa, miedo o asco.

El registro de células individuales permitió a Quian Quiroga demostrar algo asombroso: las neuronas individuales respondían selectivamente a fotografías de personas famosas. En un paciente, una neurona concreta respondió ante imágenes de la actriz estadounidense Halle Berry, pero ignoró las fotografías de otras personas y lugares. Se activó incluso ante una fotografía de ella disfrazada y también ante una imagen de solo su nombre. En otro paciente, una neurona específica respondió a imágenes de Jennifer Aniston e ignoró fotografías de otras personas famosas y no famosas, y de animales y edificios.

La respuesta a nivel celular en el cerebro ante la exposición a imágenes de personajes famosos revela la extraordinaria influencia que estos ejercen en nuestra vida. Es fascinante. Los personajes famosos han echado raíces, literalmente, en nuestra arquitectura neuronal. El modo en que respondemos ante ellos sugiere incluso que nos son tan conocidos como un buen amigo o un vecino. Dado que habitan en un lugar físico (en nuestras neuronas), parece razonable concluir que los sueños eróticos con personajes famosos son sueños con personas que nos resultan muy conocidas.

¿Significan algo los sueños eróticos, ya impliquen a un vecino o a un personaje famoso? Y, si significan algo, ¿qué nos dicen?

Estas preguntas hunden sus raíces tanto en la relación entre nuestro yo soñado y nuestro yo verdadero como en la relación entre el mundo que soñamos y el mundo real. Si los sueños son un fiel reflejo de nuestra vida despiertos, y si nuestro yo soñado es el mismo que nuestro yo real, lo que sea que hagamos en sueños es algo que haríamos (o que nos gustaría hacer) cuando estamos despiertos. Si fuera así, si los sueños no fueran más que una continuación de nuestra vida diaria, no habría diferencias entre los registros de sueños y los diarios personales.

Sin embargo, sabemos que eso no es así. Entonces, ¿cuán relacionados están nuestro yo real y nuestro yo soñado? ¿Y qué motiva los sueños eróticos?

¿Qué motiva los sueños eróticos?

Hace mucho que los investigadores intentan unir los puntos entre lo que hacemos cuando estamos despiertos y lo que podría conducir a tener un sueño erótico. Han aplicado cuestionarios acerca de la actividad sexual, del nivel de satisfacción con la pareja actual, del nivel de celos que sienten y de otras conductas y características personales durante la jornada. Han intentado incluso provocar sueños eróticos pidiendo a los participantes en los estudios que miraran pornografía antes de pasar la noche en un laboratorio del sueño. Descubrieron algo sorprendente. Los sueños eróticos no tienen nada que ver con cuánto sexo se practica ni con si la persona se masturba o no. Ni siquiera tienen que ver con cuánta pornografía se consume. El mejor predictor de los sueños eróticos es cuánto tiempo dedicamos a las fantasías eróticas mientras estamos despiertos.

Reflexiona acerca de lo provocativo que resulta: lo que nutre nuestros sueños eróticos no es lo que hacemos cuando estamos despiertos, sino lo que pensamos.

¿Cómo se explica la relación entre los sueños eróticos y las fantasías diurnas? ¿Por qué no se asocian a la conducta sexual real? Antes de responder a estas preguntas, es importante que recordemos el motor creativo al que debemos las narrativas oníricas: la red imaginativa. Si la imaginación está más activa mientras estamos despiertos, si tenemos más tendencia a soñar despiertos, más probable será que tengamos sueños creativos. En este mismo sentido, si la imaginación erótica está más activa cuando estamos despiertos, es posible que estemos más abiertos a tener sueños eróticos por la noche.

Sin embargo, hay una diferencia muy importante entre las fantasías sexuales diurnas y los sueños eróticos nocturnos. Cuando fantaseamos durante el día, la red ejecutiva, que controla el deseo sexual, limita los pensamientos eróticos. Esta influencia moderadora sobre la imaginación erótica cuando estamos despiertos desaparece cuando soñamos, por lo que los sueños eróticos pueden ser totalmente creativos y exploratorios.

Si las fantasías diurnas son visiones de un escenario sexual deseado, por improbable que resulte en ocasiones, los sueños eróticos se asemejan más a experimentos mentales lujuriosos.

Cuando soñamos podemos cambiar de sexo o ser bisexuales incluso si es algo que jamás nos pasa por la cabeza durante el día o en nuestra fantasía más liberada. Esto no es necesariamente un signo de los deseos latentes acerca de los que escribía Sigmund Freud, pero sí que se podría tratar de una especie de plataforma cognitiva sobre la que la fluidez y el ingenio sexuales evolucionaron en beneficio de la especie. Tal y como hemos visto antes, estas escenas «estrambóticas» que vivimos en sueños nos podrían ayudar a ser más adaptables como especie cuando sucede algo inesperado, cuando nos enfrentamos a eventos inesperados y difíciles que exigen creatividad y resiliencia para poder sobrevivir. Los sueños eróticos increíblemente aventureros y creativos promueven la plasticidad del deseo y nos preparan para procrear en cualquier circunstancia. Si la mitad de la tribu desapareciera como consecuencia de una enfermedad o una guerra, es posible que este tipo de sueños prepararan a los sobrevivientes para mantener nuevas relaciones y establecer conexiones distintas en la tribu. Esto también podría explicar por qué los sueños eróticos tienden a quedarse dentro de la tribu en lugar de alejarse. Por imaginativas que sean las situaciones que se presentan en ellos, los personajes casi nunca lo son.

Así, lo sueños eróticos son más que nuestro deseo verdadero: son la encarnación del deseo mismo. Nos preparan para la exploración sexual y la plasticidad de la atracción con un amplio abanico de impulsos sexuales. Esto cobra sentido si recordamos que el imperativo biológico esencial de la vida es sobrevivir por lo menos el tiempo necesario para procrear.

Los sueños eróticos llegan antes que la conducta erótica

Izzy, una niña de doce años, empezó a escribir un diario de sueños cuando comenzó a tener sueños sexuales y románticos con una persona famosa. Siguió escribiendo el diario hasta los veintidós años y registró más de 4 300 sueños en total antes de donarlo a DreamBank, un depósito en línea de sueños y de investigación sobre los sueños.[2] Además de sueños en los que a veces participaban miembros de su familia, el diario de Izzy detalla una larga sucesión de sueños con chicos o actores que le gustaban. En uno de ellos, de cuando tenía trece años, ella es un chico que mantiene relaciones con una de sus amigas. A los diecisiete años, soñó que mantenía relaciones íntimas con un hombre como parte de la escena de una película.

Lo más interesante es que Izzy explicó a los investigadores que no mantuvo relaciones sexuales de ningún tipo hasta los veinticinco años. ¿Cómo podía tener sueños eróticos antes de tener sexo en la vida real? ¿Podía ser que los sueños eróticos fueran un estímulo cognitivo para moldear el cerebro antes de cualquier actividad sexual?

Para poder responder a estas preguntas, antes deberíamos conocer la diferencia entre cerebro y mente. Cuando hablo del cerebro, me refiero a la estructura física: los distintos lóbulos que componen los 1.4 kilogramos de carne pensante. La mente es algo distinto. La mente es lo que emerge de la estructura física del cerebro. Esto incluye las conexiones y la coordinación entre lóbulos, cómo disparan las neuronas, etc. El cerebro podría ser el mapa de una ciudad que muestra las calles y los edificios, la red eléctrica y los túneles de metro. La mente es el movimiento de las personas y los vehículos que llevan a cabo las distintas actividades que constituyen la vida. También se puede pensar en ello como en una computadora. Si el cerebro físico es el *hardware*, la mente sería el *software*. Sin embargo, y a diferencia de lo que sucede con las computadoras, donde el *software* se crea externamente y se descarga en el disco duro, la mente y el cerebro están entretejidos y son inseparables. El cerebro crea la mente, pero la mente también puede alterar el cerebro del que surgió. Es una relación recíproca. La mente moldea al cerebro y surge de él.

Dada esta relación, parece que los sueños eróticos no solo revelan lo que experimentamos, sino que motivan lo que debemos experimentar. Veámoslo más detalladamente.

Cuando nacemos, el cerebro es un kit de inicio, una obra en construcción que necesita experiencia y aprendizaje para desarrollarse. Nacemos con más neuronas de las que tenemos una vez que somos adultos y solo conservamos las que nos resultan útiles. La experiencia poda las neuronas que no usamos y expande las conexiones y ramificaciones entre las que sí. Si un niño aprende a tocar el piano, el cerebro cambiará en las zonas necesarias para tocar un instrumento, sobre todo el sistema motor cortical, pero también el sistema auditivo y el cuerpo calloso, que conecta las dos mitades del cerebro. En otras palabras, las partes del cerebro que usamos crecen, y las que no, se marchitan. La norma general es que lo que no se usa se pudre.

En el cerebro, cada uno de los cinco sentidos aterriza en su región correspondiente de la fina capa exterior de tejido neuronal a la que llamamos *corteza*. El oído aterriza en la corteza auditiva, el gusto en la corteza gustativa, la vista en la corteza occipital y el tacto en la corteza sensorial. Sin embargo, también desarrollamos otro tipo de sensación que surge de una región cerebral menos conocida que se desarrolla durante la adolescencia: *la corteza genital*. Se trata de una extensión de la corteza sensorial, una serie ondulada de crestas y valles en el cerebro que va desde por encima de las orejas a la parte superior del cráneo.

La corteza genital es la representación sensorial y el mapa de los órganos sexuales en la superficie del cerebro. Tiene una dirección específica en cada uno de nosotros, es idéntica en hombres y mujeres y se detecta una y otra vez en el mapa topográfico del cerebro. Creo que todos somos creados iguales en cuanto a lo que la capacidad de excitación se refiere.

La más mínima de las descargas eléctricas en un punto de la corteza genital puede suscitar pensamientos sexuales. Por ejemplo, un paciente cuyo cerebro se mapeó con estimulación eléctrica en regiones de la corteza genital y otras próximas a ella dijo en presencia de varios investigadores: «Eso me gustó, fue muy erótico. No lo puedo explicar».

Tal y como han demostrado estudios recientes, la corteza genital no solo recibe señales de los genitales. Hay muchas otras zonas con potencial erógeno: los pezones, el pecho, algunas partes de la espalda, los muslos e incluso los dedos de los pies. Por lo tanto, quizás sería más preciso llamar a esta región cerebral «corteza erógena» o «corteza erótica», para dejar la puerta abierta a la sensualidad de todo tipo, a cualquier roce en cualquier parte, basado en la intención y la percepción.

Esta inusual secuencia de eventos neuroevolutivos (la aparición de sueños sexuales seguida de la expansión de la región cerebral que permite que el contacto físico se vuelva erótico antes de que llevemos a cabo conducta sexual alguna) sugiere la posibilidad de que la mente cree y cultive al cerebro. Cada vez más, se demuestra que los pensamientos y las emociones tienen la capacidad de esculpir el cerebro mediante un proceso llamado *mielinización dependiente de la actividad*.

Cuando pensamos repetidamente de un modo concreto o cuando nos comportamos de una manera específica de forma habitual, los circuitos neuronales del cerebro intentan volverse más eficientes y envuelven las extensiones neuronales, o axones, en mielina, una sustancia aislante (como el plástico que cubre los cables de cobre en casa). La mielina se compone de un tipo de lípido específico, un omega-3, una de las grasas buenas que aumenta la velocidad de transmisión de los estímulos eléctricos. La mielinización dependiente de la actividad es un proceso fundamental que explica cómo la mente puede alterar la misma estructura de la que surge.

A partir de la secuencia de eventos (sueños eróticos seguidos del contacto erótico), una hipótesis elegante podría ser que los sueños eróticos moldean el cerebro porque promueven el desarrollo de la corteza genital durante la preadolescencia. Una vez desarrollada la corteza genital, el contacto erógeno se hace posible. Y, una vez posible el erotismo, una cascada de hormonas activa la maduración sexual física.

El cerebro es el órgano sexual más potente

Es innegable que los sueños eróticos resultan placenteros. Un estudio que se llevó a cabo con estudiantes universitarios en China[3] recibió una respuesta abrumadoramente positiva a las afirmaciones siguientes:

- A veces me gustaría sumirme en un sueño sexual y no despertar jamás.

- Me siento afortunado por tener sueños sexuales.
- Cuando me despierto de un sueño erótico, siento tristeza, porque me doy cuenta de que solo era un sueño.
- Cuando me despierto de un sueño sexual, lo intento continuar en mi imaginación.

¿Cómo es posible que el sexo imaginado tenga tanto peso emocional y libidinal? Al fin y al cabo, se trata de eventos aislados e imaginados más allá de nuestro control consciente. Parece improbable que puedan significar mucho para nosotros. Y, sin embargo, así es.

Quizás solo haya una respuesta posible: los sueños eróticos ejercen tanto poder sobre nosotros porque el cerebro es el órgano sexual más potente.

Los sueños eróticos hacen más que reflejar o liberar emociones, imaginación y libido. Pueden proporcionar un placer sexual tan intenso como el sexo real. De hecho, diría que, en algunos aspectos, puede ser incluso mejor que el real. Veamos la neuroanatomía de los sueños eróticos.

Sin embargo, antes aclaremos algo: tanto los hombres como las mujeres se excitan sexualmente cuando sueñan. La excitación sexual durante el sueño es independiente del contenido de los sueños. El cuerpo puede estar excitado, aunque la mente no lo esté. Los bebés también presentan hinchazón anatómica durante el sueño. Nadie sabe muy bien por qué.

En los sueños eróticos, el cerebro no recibe señal alguna de tocar o ser tocado. Los sueños eróticos solo suceden en el cerebro. Incluso así, más de dos terceras partes de los hombres y más de una tercera parte de las mujeres afirman que han tenido orgasmos como resultado de un sueño.

¿Qué sucede en la mente que sueña para que los sueños eróticos alcancen semejante potencia sexual? Para responder, tenemos que darle la vuelta a la pregunta. ¿Qué sucede en el cerebro durante el acto físico de la relación sexual?

La actividad sensual y sexual activa hasta la última fibra nerviosa del sistema nervioso: el sistema nervioso central, compuesto por el cerebro y la médula espinal; el sistema nervioso periférico, compuesto por los nervios que nacen de la médula espinal y llegan a toda la superficie de la piel, y el sistema nervioso autónomo. Con frecuencia, se califica de «automático» al sistema nervioso autónomo, porque puede funcionar más allá de la intención consciente. Comprende los órganos internos, como los pulmones, los órganos del abdomen y la pelvis y cuenta tanto con nervios simpáticos, capaces de activar la respuesta de huida o lucha y de inundar los tejidos de adrenalina, acelerar la frecuencia cardiaca y pausar el sistema digestivo, como parasimpáticos, que devuelven a la normalidad la frecuencia cardiaca y el funcionamiento digestivo. Ofrecen el descanso y la relajación que compensan la respuesta de huida o lucha. El sistema autónomo se distribuye sobre todo por el centro del cuerpo, el estómago, el pecho y la pelvis. Quizás eso explique por qué los orgasmos son tan viscerales, expansivos y profundos.

El sistema nervioso periférico, el simpático y el parasimpático envían señales al cerebro durante la actividad sexual. Aún más importante: el cerebro interpreta las señales que recibe. Piensa en un simple contacto físico. Alguien te puede tocar en el mismo sitio, con la misma presión y de la misma manera y el cerebro tanto lo puede descartar considerándolo algo sin importancia como interpretarlo como un escalofrío o una caricia. Da igual dónde te hayan tocado. El contacto puede resultar erótico en cualquier parte del cuerpo. Es el cerebro el que determina la saliencia sexual, hace que sintamos atracción (o no), acelera la respiración (o no), aumenta la frecuencia cardiaca (o no) y nos excita (o no).

Durante la actividad sexual, el tálamo, la estructura ovalada en el centro del cerebro, transmite señales sexuales procedentes de los nervios periféricos por medio de la médula espinal. La corteza prefrontal medial (CPFM) —la región más reciente de la red imaginativa, que participa en la cognición social y el hilvanado de historias— categoriza los estímulos eróticos y los libera con su potencia imaginativa, que añade fantasía a la experiencia. La amígdala, responsable de la respuesta de miedo instintiva, también imprime significado emocional a todas las experiencias, el sexo incluido.

Volvamos ahora al sueño erótico. En los sueños eróticos, el cuerpo permanece en silencio. Ni el sistema nervioso periférico ni el autónomo envían señales al cerebro. Recuerda que, durante los sueños más vívidos, el sistema nervioso autónomo permanece accesible, mientras que la musculatura para el movimiento coordinado queda básicamente paralizada del cuello para abajo. Cuando sueña, el cerebro no reacciona ante las señales del cuerpo, sino que actúa con su propia imaginación. No hay nada que interpretar. Pensamos en el cuerpo y en el cerebro como extensiones recíprocas y, en gran medida, así es. Sin embargo, cuando sueña, el cerebro puede actuar, y de hecho actúa, de forma autónoma.

Tal y como demuestran los sueños eróticos, el cerebro no necesita en absoluto el descanso que para el cuerpo es imprescindible. Incluso sin señales del cuerpo, el cerebro crea sus propios escenarios, sus personajes y sus tramas narrativas. La mente es su propia zona erógena y los sueños pueden perseguir placeres carnales sin más carne que la del propio cerebro. Este es aún otro ejemplo de cognición independiente del estímulo.

Si todo esto te parece imposible, piensa en otros aspectos de cómo percibimos el mundo y respondemos ante él. Piensa en la vista, por ejemplo. Cuando estamos despiertos, asimilamos el mundo visual con los ojos. El cristalino y la córnea colaboran para enfocar la luz en la retina y los objetos se reflejan en espejo en el fondo del ojo. La izquierda es la derecha, y la izquierda, la derecha. La perspectiva también es ligeramente distinta en cada ojo, como puedes comprobar si cierras uno y luego el otro. Estas dos perspectivas en espejo y ligeramente distintas se procesan en la corteza visual del cerebro, que las convierte en una imagen única y nítida del mundo. Sin el cerebro, no vemos.

Los sueños eróticos funcionan de un modo muy similar. Sin ningún estímulo sensorial, el cerebro crea y percibe un placer plenamente encarnado. La sensación que nos producen el sexo y el resto de los placeres eróticos que experimentamos en sueños no es en absoluto distinta a la que sentimos estando despiertos porque, en lo que al cerebro se refiere, no hay diferencia alguna. El cerebro no experimenta orgasmos reales y orgasmos imaginados. Para el cerebro, todos son reales. Y, dado que el nivel de activación del sistema límbico (emocional) mientras soñamos puede superar al que alcanzamos cuando estamos despiertos, es razonable concluir que los orgasmos que soñamos nos pueden llevar a cumbres emocionales imposibles de alcanzar con la actividad sexual real.

Qué revelan los sueños eróticos acerca de nuestras relaciones

Según lo que hemos aprendido de la neurociencia y de los diarios de sueños, es poco probable que soñar que somos infieles indique que deseemos serlo en realidad. Es mucho más probable que se trate de la red imaginativa en acción. Es posible que soñar que somos infieles a nuestra pareja no sea más que un signo de curiosidad y de excitación sexual normal, y no revele un deseo de ser infieles en la vida real.

Los sueños en los que exploramos una orientación sexual distinta tampoco indican un deseo secreto o reprimido. Parece que también son fruto de la curiosidad, la libido y la imaginación, o bien la manera que tiene el cerebro de prepararnos, como especie, para procrear.

Sea como sea, los sueños eróticos tienen mucho que decirnos acerca tanto de la salud de nuestra relación romántica actual como de lo bien o mal que hemos superado a nuestros ex; sin embargo, no nos lo dicen de la manera que quizás esperamos. Los sueños eróticos pueden suscitar deseo, celos, amor, tristeza o alegría muy intensos y tan fuertes que pueden afectar a lo que sentimos por nuestra pareja al día siguiente. Al igual que sucede con las sensaciones físicas, el cerebro percibe como reales las emociones que sueña. Los investigadores han descubierto que soñar con un conflicto con la pareja aumenta la probabilidad de tener un conflicto con la pareja al día siguiente.

En las relaciones poco sanas, los sueños de infidelidad se asocian a la reducción de la sensación de amor e intimidad en los días que siguen. En las relaciones sanas, los sueños de infidelidad apenas ejercen efecto alguno.

Lo que sentimos por nuestra pareja mientras estamos despiertos también puede afectar a lo que soñamos. Sentir celos durante el día puede producir sueños de infidelidad que, a su vez, afectan a cómo la persona que sueña se relaciona luego con su pareja. En estos casos, los sueños y la realidad se retroalimentan en una especie de bucle negativo.

Estudiantes de grado completaron un cuestionario[4] que concluyó que la probabilidad de que fueran infieles en sueños aumentaba si estaban celosos de su pareja y que, como resultado, tenían menos deseo de intimidad al día siguiente. También era más probable que soñaran que su pareja les había sido infiel si la infidelidad había sucedido en la vida real. Según lo que apunta la investigación, es probable que las emociones negativas que sentimos respecto a nuestra pareja durante un sueño erótico sean una señal importante acerca de lo que sentimos en realidad por él o ella. Las emociones asociadas a los sueños eróticos son mucho más importantes que la narrativa del sueño en sí. Dada la hiperactivación de las estructuras del sistema límbico, que media las emociones, esto es cierto de los sueños en general y ofrece indicadores clave a la hora de encontrar sentido a lo que soñamos (hablaremos más de ello en el capítulo 9).

En última instancia, ¿es buena señal tener un sueño erótico con la pareja actual? Parece que la respuesta es... que depende. Si la relación está bien, es probable que tener un sueño sexual con la pareja dé lugar a un aumento de la intimidad al día siguiente. Si la relación no está bien, sucede lo contrario y los sueños sexuales se traducen en una reducción de la intimidad al día siguiente. El motivo de todo ello no acaba de estar claro, aunque es posible que la disonancia entre el sueño erótico y una relación de pareja con problemas aumente la sensación de insatisfacción.

Si tú o tu pareja sueñan que son infieles, no lo interpreten como un signo de los verdaderos deseos del uno o del otro. Aunque es posible que te despiertes inquieto o triste, recuerda que los sueños existen para promover el pensamiento divergente, también en cuanto a lo que a nuestra vida sexual se refiere. Si bien parece que las relaciones sanas mitigan los efectos negativos de los sueños sobre infidelidades, lo que cuenta de verdad no es la narrativa del sueño erótico que hayamos tenido nosotros o nuestra pareja, sino cómo reaccionamos ante el sueño en cuestión.

Los sueños eróticos nos pueden dar información no solo acerca de la relación actual, sino también acerca de relaciones pasadas. Las exparejas pueden aparecer, y aparecen, en los sueños mucho después de que hayan dejado de formar parte de nuestra vida. Barb Sanders, que también aportó su diario de sueños a DreamBank, soñaba con su exmarido aproximadamente un 5% de las veces, cuando ya hacía veinte años que se había divorciado.[5] Si lo sueños con la pareja actual tienden a consistir en hacer algo juntos, los sueños con exparejas tienden a ser eróticos. Quizás estés tentado de concluir que esto significa que echamos de menos al ex. Sin embargo, según múltiples estudios, parece que es justo al revés. Al parecer, estos sueños nos ayudan a superar relaciones pasadas.

Cuando pensamos en lo que significa tener sueños eróticos con parejas pasadas, vale la pena recordar que la respuesta emocional que provoca el sueño es tanto o más importante que lo que sea que sucede en el sueño. Los sueños, también los eróticos, pueden ser, sencillamente, una manera de procesar las emociones asociadas a la ruptura. En el capítulo 5 lo veremos con más detalle.

Al hablar de sueños eróticos, es fácil olvidar que los sueños, en general, se inclinan claramente hacia lo emocional, social, visual e irracional. Son el resultado de la red imaginativa mirando mucho más allá de lo ordinario o aceptable. Y, por mucho que los argumentos de los sueños eróticos acostumbren a ser improbables o incluso indeseables, las emociones que subyacen a ellos nos pueden dar pistas importantes sobre el estado de una relación pasada o presente.

Si dejamos a un lado lo relacional y nos centramos en lo biológico, vemos que la evolución ha llevado al cerebro a ser muy sensible al pensamiento erótico. La fantasía, los sueños eróticos y, en definitiva, la sexualidad surgen del impulso esencial para procrear. Sin embargo, prosperan más allá del acto sexual para conectarnos con lo más profundo de la emoción, la excitación y el deseo, que solo la mente puede conjurar.

4
Los sueños y la creatividad: cómo soñar libera a nuestro creativo interior

Una paciente a la que llamaré Anna vino a mi consultorio porque un médico le había dicho que tenía «el cráneo lleno de agua». Era una descripción interesante (además de inexacta) de lo que le sucedía. El líquido cefalorraquídeo no ocupa el espacio entre el cerebro y el cráneo, sino que llena el cerebro, lo rodea y surge de los ventrículos cerebrales, unas grandes cámaras en el interior del cerebro semejantes a cuevas subterráneas.

Se ha generalizado la idea errónea de que el cerebro es una masa sólida de tejido nervioso. No lo es. En las profundidades del cerebro albergamos cuatro ventrículos amplios conectados entre sí por forámenes, unas estructuras estrechas parecidas a túneles. Los ventrículos producen líquido cefalorraquídeo (LCR), un fluido aparentemente inerte que, en realidad, rebosa de vida invisible: iones, sustancias químicas, proteínas y neurotransmisores que constituyen, en cierto modo, la sopa primordial de la mente. El LCR nutre, limpia y ejerce de amortiguador vital. Si el cerebro apenas rozara la superficie interna de los huesos del cráneo, el delicado tejido electrificado saldría dañado.

Se supone que el cerebro produce y drena LCR en la misma medida, de modo que el volumen total permanece estable. Sin embargo, a veces, la cantidad que se drena no es exactamente igual a la que se ha producido y el exceso de fluido queda atrapado en el rígido cráneo. Cuando Anna describió el fluido en el cerebro, aludía a la parte que había quedado atrapada, básicamente una burbuja llena de líquido que se había formado y que se expandía con lentitud en el estrecho espacio entre el interior del cráneo y la superficie del cerebro. Cada ciertos meses se acumulaban unas gotas más y, con el paso de los años, la burbuja había crecido hasta alcanzar el tamaño de un melocotón. Tenía un quiste aracnoideo, un tipo de quiste que debe su nombre a que la burbuja se mantiene gracias a una membrana translúcida tejida con finísimas células translúcidas que le dan aspecto de tela de araña. El quiste aracnoideo y el cerebro competían por el mismo espacio. Como resultado, los habitantes del interior del cráneo estaban cada vez más apretados.

El quiste se llenaba y se expandía gota a gota. Y, dado que el cráneo de Anna no se iba a expandir, el cerebro se veía obligado a dejar espacio al quiste en crecimiento lento y constante, que acabó provocándole a Anna dolores de cabeza cada vez más dolorosos a medida que presionaba sin piedad su cerebro, justo detrás de la parte superior externa de la frente, sobre el ojo derecho. Es precisamente ahí donde encontramos una región tan pequeña como clave del cerebro, la corteza prefrontal dorsolateral (CPFDL). Es la parte de la corteza cerebral que dirige la red ejecutiva. La presión sobre la CPFDL no anulaba la red ejecutiva de Anna, pero sí que la entorpecía y la ralentizaba, lo que había dado lugar a cambios sorprendentes.

Anna siempre había querido ser guionista de cine y escritora, pero nunca había podido crear personajes interesantes ni historias con matices ricos. Esto le había provocado una frustración y una decepción profundas. Sin embargo, a medida que el quiste en el cerebro crecía, empezó a sentir una necesidad insaciable de escribir, algo que se podría describir como lo contrario del bloqueo del escritor. Antes del quiste, escribir le resultaba forzado. Ahora era como una compulsión, y sentía ansiedad si no lograba expresarse a través de la escritura.

Durante nuestra conversación, entendí lo que le sucedía en el cerebro cuando dijo que el «volumen» de personajes y argumentos nuevos había explotado en su cabeza: el quiste aracnoideo había dado rienda suelta a la creatividad de Anna.

Los sueños nos vuelven más creativos

El efecto que el quiste aracnoideo estaba ejerciendo en el cerebro de Anna se parece mucho a lo que el cerebro hace de forma automática mientras soñamos. Tal y como hemos aprendido en capítulos anteriores, la red imaginativa dirige la exploración de las relaciones sociales y de las emociones del cerebro que sueña en direcciones imposibles de emprender cuando estamos orientados a una tarea. Este pensamiento libre, centrado en la emoción y en el drama interpersonal, también está en los cimientos de la escritura creativa. El quiste aracnoideo de Anna amortiguaba la actuación de la red ejecutiva mientras estaba despierta, por lo que los límites del orden y la razón estaban más difusos y daban a su mente creativa el espacio necesario para emprender el vuelo. Así, mientras estaba despierta, podía pensar y crear del modo en que la mayoría de nosotros pensamos y creamos cuando soñamos.

La red imaginativa facilita el superpoder que es la capacidad de soñar porque identifica y evalúa asociaciones tenues entre nuestros recuerdos y conecta puntos de maneras nuevas, inesperadas y, en ocasiones, ilógicas. Estas asociaciones tenues pierden fuerza durante el día, y con motivo. Son situaciones improbables y remotas, escenarios inverosímiles que no merecen nuestro tiempo. Si la creatividad y la excentricidad van de la mano, los sueños traen consigo una gran cantidad de excentricidades, por tediosos que seamos durante el día. Por la noche, cuando soñamos, las asociaciones remotas que representamos en sueños pueden revelar una pepita de oro enterrada entre el lodo. Quizás sea la respuesta inesperada a un problema con el que hemos estado batallando o, quizás, una manera nueva de entender la relación con un compañero de trabajo o con la pareja.

El proceso creativo se parece mucho a soñar, porque exige abordar los problemas de maneras novedosas, ver el mundo desde perspectivas nuevas, hallar conexiones hasta ahora invisibles y ofrecer soluciones que antes se nos escapaban. Los investigadores lo denominan *pensamiento divergente* y lo entienden como una de las claves de la creatividad. Por supuesto, el pensamiento divergente no es lo mismo que la creatividad. Pensar de un modo distinto no necesariamente conduce a una solución creativa o a una idea brillante. Sin embargo, el pensamiento divergente sí que es, por definición, de todo menos convencional. Su contrario (el pensamiento convergente) se centra en encontrar una única solución correcta a un problema. Es muy útil si debemos reparar un automóvil, pero no lo es tanto si lo que tenemos que hacer es diseñarlo.

Ahora, veamos cómo aborda los problemas el cerebro. Si estamos inmersos en un pensamiento centrado en objetivos, concentrados en un tema concreto o trabajando en una tarea, la red ejecutiva toma el timón. Si descansamos, la red imaginativa dirige la atención hacia el interior y permite que la mente vague sin rumbo, como cuando soñamos. Quizás estemos en la ducha, doblando ropa, paseando por un camino conocido o conduciendo en una larga recta de una carretera aburrida. Cuando no estamos activamente centrados en una tarea, la mente queda libre y divaga.

Nadie nos debe recordar que ha llegado el momento de divagar. De hecho, la mente vaga de forma natural cuando no se centra en una tarea específica, y se cree que las divagaciones mentales ocupan hasta la mitad de nuestras horas de vigilia. Con frecuencia, las ideas más creativas surgen cuando carecemos de un foco de atención concreto. La mente sin rumbo también conduce a esos momentos «ajá» en los que se nos ocurren, sin más, ideas o respuestas a preguntas que ni siquiera hemos formulado. Ahora que nos pasamos el día comprobando las notificaciones del celular, ese tipo de momentos son cada vez más escasos. (Entiéndelo como una invitación explícita a pasar parte del día haciendo nada en absoluto).

Las ideas que pueden surgir cuando se activa la red imaginativa son distintas a las que aparecen cuando estamos en modo de resolución de problemas. Como la red ejecutiva, la parte lógica del cerebro se desactiva mientras soñamos, los sueños no nos darán directamente el resultado de un problema de matemáticas y tampoco es demasiado probable que nos resuelvan un acertijo. Sin embargo, como son muy visuales, cuando nos ofrecen la respuesta a un problema, lo suelen hacer de forma visual.

En la década de 1970, William Dement, un pionero de la investigación del sueño, dio a quinientos estudiantes de grado acertijos sobre los que debían reflexionar durante exactamente quince minutos antes de acostarse.[1] Luego les pedía que registraran los sueños que tuvieran. De 1148 intentos, solo noventa y cuatro sueños abordaron los acertijos y solo siete participantes reportaron sueños en los que los resolvían. Sin embargo, cuando los sueños desafiaban a la probabilidad y resolvían el acertijo, lo hacían de forma visual.

En uno de los acertijos, Dement dijo a los alumnos que las letras O, T, T, F, F formaban el comienzo de una secuencia infinita y les pidió que encontraran una fórmula sencilla que determinara las letras sucesivas. Uno de los alumnos explicó un sueño en el que estaba recorriendo la galería de un museo. Empezó a contar los cuadros. En el sexto y el séptimo, alguien había arrancado el lienzo del marco. Se quedó mirando los marcos vacíos, con la sensación de que estaba a punto de resolver el acertijo. Entonces se dio cuenta de que la respuesta estaba en la sexta y la séptima posición. La secuencia era la primera letra de cada número sucesivo en inglés (*One*, *Two*, *Three*, etc.). Los siguientes números de la serie eran *Six* y *Seven*, por lo que la respuesta para las dos letras siguientes era S. Otro acertijo preguntaba a los alumnos qué palabra representaba la siguiente secuencia: HIJKLMNO. La respuesta es de H a O (*H to O*, que suena como H_2O, o agua, en inglés). Un alumno soñó con agua, pero pensó que la respuesta era «alfabeto», lo que demuestra que, en ocasiones, la mente es más inteligente cuando sueña que cuando está despierta.

En última instancia, la potencia de los sueños no reside en su capacidad para resolver acertijos como estos, sino en el pensamiento divergente, sobre todo cuando este se puede representar de forma visual. Quizás nadie haya estudiado los sueños y la creatividad más que la psicóloga de Harvard Deirdre Barrett. Barrett afirma que soñar nos puede liberar de la idea preconcebida de que hay una única manera de llegar a la solución de un problema, ya que nos permite explorar ideas cuasi disparatadas que descartaríamos prácticamente de inmediato cuando estamos despiertos. Esta inspiración ha llevado al descubrimiento de la tabla periódica de los elementos, a la estructura de doble hélice del ADN y a la máquina de coser, por nombrar solo algunos ejemplos.

A comienzos de la década de 1900, el farmacéutico alemán Otto Loewi creía que la comunicación entre las células nerviosas era química y eléctrica, pero no había podido demostrar su hipótesis. Diecisiete años después, tuvo un sueño que lo despertó de golpe y que lo llevó a garabatear un dibujo en un trozo de papel. Por la mañana, releyó lo que había escrito, pero no lo pudo descifrar. La idea regresó a la noche siguiente. Era el diseño de un experimento: «Me levanté, fui al laboratorio inmediatamente y llevé a cabo un experimento en el corazón de una rana, siguiendo el diseño nocturno», recordó Loewi más adelante. En 1938, Loewi recibió el Premio Nobel de Medicina por su trabajo sobre la transmisión química de los impulsos nerviosos. Fue el primero en demostrar que las neuronas se comunican entre ellas con sustancias químicas, a las que ahora conocemos como *neurotransmisores*.

El pensamiento divergente también nos puede ayudar a ver nuestras interacciones sociales de maneras novedosas. Dado que la relación entre personas constituye la base de la narración de historias, no nos debería sorprender que los investigadores que han comparado a personas que desempeñan trabajos creativos en la industria cinematográfica con personas promedio que sueñan hayan concluido que la probabilidad de recordar lo que se sueña y de atribuir significado a los sueños es mayor entre las personas con trabajos creativos. Y los sueños han sido, con frecuencia, la fuente de inspiración de directores de cine que han rodado escenas que primero han visto en sueños.

¿Es posible que, más allá de la inspiración que encontramos en los sueños, la propia naturaleza de estos, con rápidos cambios de tiempo, lugares y personajes, haya inspirado también la estructura narrativa de libros y películas? Quizás aceptamos los *flashbacks*, los saltos de una ubicación a otra y de un personaje a otro, porque todos hemos experimentado esta forma narrativa en sueños. Quizás los sueños no solo conducen a la creatividad, sino que ofrecen la fórmula de esta:

Ideas ingeniosas + Acción = Creatividad

En la década de 1800, la estructura del benceno era un misterio para los químicos. Para saber por qué, antes debes entender que el carbono acostumbra a formar cuatro enlaces. Por ejemplo, una molécula de carbono se podría unir a cuatro moléculas de hidrógeno y, así, formar metano. Sin embargo, el benceno no cumplía esta expectativa: tiene seis moléculas de carbono y solo seis de hidrógeno. Si los químicos estaban en lo cierto respecto a lo que sabían del benceno, este debería tener al menos el doble de moléculas de hidrógeno.

La respuesta rehuyó a los químicos durante años hasta que el químico alemán August Kekulé dio con la respuesta... en un sueño. Kekulé soñó con una serpiente que se comía su propia cola y eso lo llevó a la solución: el benceno es un anillo hexagonal. Con esta configuración, las moléculas de carbono se enlazan consigo mismas y, por lo tanto, necesitan menos moléculas de hidrógeno para completarse y estabilizarse. Una vez descubierta la estructura del benceno, los químicos la pudieron usar como bloque de construcción para fabricar desde pintura y vainilla artificial a analgésicos como el ibuprofeno. El sueño de Kekulé no le dio la respuesta directamente, pero sí le ofreció una pista visual que pudo seguir.

Tal y como demuestra esta historia, tener ideas novedosas es solo la mitad de la ecuación. Una vez que a Kekulé se le ocurrió la idea de que el benceno podía tener forma de anillo, tuvo que determinar cómo funcionaría una molécula con esa forma. Del mismo modo, la gran idea no es el final, sino el comienzo de la creatividad. La acción debe seguir a las ideas. Cuando no es así, ni siquiera las mejores ideas se materializan. Hay que destilar, moldear y envolver todos esos jugos creativos. Y hay un neurotransmisor que nos ayuda a hacer precisamente eso.

La adrenalina es un neurotransmisor, además de la hormona responsable de la respuesta de huida o lucha. En el cuerpo, las glándulas suprarrenales, que descansan sobre los riñones, secretan la hormona, que acelera la frecuencia cardiaca y desvía sangre a la musculatura. En el cerebro, es un neurotransmisor sintetizado a partir de la dopamina y que resulta esencial para filtrar los estímulos, atender a lo relevante e ignorar lo irrelevante o, en otras palabras, distinguir la señal entre el ruido, el dato relevante entre el caos. El aumento del nivel de adrenalina en el cerebro se asocia a un aumento del desempeño cognitivo. Cuando el nivel de adrenalina en el cerebro desciende, sucede lo contrario y, entonces, aumenta la probabilidad de que elijamos estímulos no relevantes y pasemos por alto los que sí lo son. En el pasado lejano del ser humano, cuando vivíamos mucho más próximos a la naturaleza y no estábamos ni por asomo cerca del eslabón superior de la cadena alimentaria, los errores de este tipo podían ser fatales.

Cuando soñamos, el nivel de adrenalina se desploma hasta desaparecer, lo que nos permite establecer asociaciones extrañas en la seguridad de un cuerpo dormido y físicamente paralizado. No necesitamos distinguir entre la señal y el ruido. Tampoco podemos hacerlo. A diferencia de lo que sucede cuando soñamos, el quiste aracnoideo de Anna, mi paciente, no había desactivado por completo la red ejecutiva, sino que solo le había bajado el volumen y, por lo tanto, aún tenía adrenalina en el cerebro. No disponía de tanta que entorpeciera el flujo de personajes y de ideas, pero sí de la suficiente como para poder elegir entre ellos y crear historias. Era el nivel ideal para la creatividad despierta.

La creatividad es más que una idea original o que el pensamiento divergente. Exige una base de conocimiento especializado sobre el que desarrollar la idea, además de la capacidad de tomar decisiones ejecutivas para llevarla a cabo. Anna no hubiera podido actuar basándose en la explosión de personajes y argumentos de no haber conocido la estructura que ha de tener un guion o de haber quedado atrapada en un estado de ensoñación permanente. La creatividad es un proceso de ida y vuelta entre inspiración, evaluación, ideación y ejecución.

Un estudio recurrió a técnicas de diagnóstico por imagen para demostrarlo investigando la composición de poemas.[2] El cerebro impulsaba o amortiguaba con acierto la red ejecutiva en función de si la persona estaba escribiendo poemas o revisándolos. Daba igual que se tratara de un poeta experto o novato. Durante la escritura, cuando la producción poética es muy simbólica y metafórica, la red ejecutiva bajaba de revoluciones. Durante el proceso de revisión, se volvía a activar.

Las siestas y la generación de ideas

Más allá de la transición de la vigilia al sueño, las siestas de entre treinta y sesenta minutos pueden revitalizar mentes agotadas por una tarea repetitiva. Las siestas más largas, de entre sesenta y noventa minutos y con fase REM incluida no solo mejoran significativamente el desempeño en la tarea, sino que impulsan el aprendizaje. Los investigadores han descubierto que las siestas también se pueden usar para la resolución creativa de problemas, en concreto el tipo de problemas que exigen un momento de inspiración creativa que revele la respuesta con claridad.

Cuando logramos resolver un problema gracias al pensamiento creativo, es habitual que haya transcurrido un intervalo de tiempo entre el momento en el que nos encontramos con el problema y el momento en el que damos con la solución, durante el que intentamos infructuosamente resolver un problema hasta que lo dejamos a un lado. El periodo durante el que somos conscientes del problema, pero no lo intentamos resolver de forma activa se conoce como *periodo de incubación*. No hemos olvidado el problema, pero tampoco nos esforzamos en resolverlo.

Denise Cai y un equipo de investigación de la Universidad de California en San Diego decidieron comprobar si tomar la siesta durante el periodo de incubación promovería (o no) una resolución de problemas más efectiva.[3] Repartieron a los participantes en el estudio en tres grupos: uno descansó en silencio, otro tomó una siesta corta y otro tomó una siesta lo bastante larga para contar con una fase de sueño REM, que es durante la que experimentamos los sueños más vívidos. Cai concluyó que el periodo de incubación había ayudado a los tres grupos de la misma manera.

Repitió el experimento después de ofrecer a los participantes pistas que podían usar luego y descubrió algo interesante. Por la mañana, los participantes habían completado una serie de analogías. Por ejemplo, PAPA FRITA: SALADO; CARAMELO: D_____. La mitad de las respuestas, DULCE, era también la respuesta correcta en la prueba que se les iba a poner por la tarde, que era algo distinta. Por la tarde, se les presentaron tres palabras sin relación aparente y tenían que encontrar una cuarta que las relacionara. Por ejemplo: CORAZÓN, DIECISÉIS, GALLETAS. Respuesta: DULCE.

Una vez preparadas de este modo las redes asociativas del cerebro, el grupo que descansó en silencio y el que tomó la siesta breve obtuvieron resultados parecidos al resolver los acertijos, pero el grupo que durmió lo suficiente para tener una fase REM obtuvo resultados un 40% superiores a los de los otros dos. Que recordaran o no qué habían soñado era indiferente. Recibían el beneficio creativo de haber soñado tanto si recordaban los sueños como si no.

Cai concluyó que los neurotransmisores que se activan cuando la red ejecutiva funciona inhiben las asociaciones mentales necesarias para resolver problemas como los del experimento. Sin embargo, durante el sueño REM, la red imaginativa puede tejer información nueva a partir de la experiencia pasada y crear así una red de asociaciones más rica. Cai concluyó que «la interpretación fluida es la característica principal de la mente creativa, ya se trate de juegos de palabras sencillos o de la abstracción de formas que llevó al descubrimiento de la transmisión neuroquímica o de la estructura del anillo de benceno».

La influencia de los sueños en la cultura

Creo que no hay ningún aspecto creativo más importante en los sueños que su capacidad para evaluar nuestras relaciones sociales. Soñar nos permite retroceder en el tiempo o avanzar al futuro, vernos siendo de nuevo niños en compañía de familiares que han fallecido hace ya mucho o imaginar cómo podría ser nuestra vida dentro de diez años o más. Nos resulta tan fácil hacerlo que se nos puede perdonar por no ser conscientes de la increíble hazaña cognitiva que es. El poder de los sueños para devolvernos a un pasado que quedó completamente atrás o propulsarnos a un futuro imaginado encarna tres capacidades humanas extraordinarias: la imaginación visual; la memoria episódica que nos permite volver a experimentar directamente imágenes, sensaciones y emociones pasadas, y su opuesto temporal, el «viaje en el tiempo» mental que nos lleva a un futuro anticipado.

Cada noche, al soñar, creamos dramas emocionales poblados de personajes y situaciones sociales que exploran una amplia variedad de estrategias y posibilidades. Si los sueños de los primeros seres humanos eran una manera de ayudarlos a planificar qué hacer ante las situaciones de peligro en que se podían encontrar, en la actualidad desempeñan una función similar y nos permiten ensayar cómo encontrar una pareja o relacionarnos con los demás. En los sueños, podemos ensayar conductas sin poner en peligro nuestro capital social. También nos permiten imaginar cómo nos ven los otros en distintas circunstancias.

Los sueños inspiran a todo el que sueña, pero, más allá de eso, han influido a escritores, artistas, músicos, diseñadores de moda, arquitectos, deportistas, bailarines, inventores y muchos otros que han moldeado y moldean el mundo en el que vivimos. Por ejemplo, se dice que el novelista británico Graham Greene, autor de obras como *El final del affaire* y *El americano impasible*, escribía quinientas palabras diarias, ni una más, que luego leía justo antes de acostarse, porque confiaba en que sus sueños y su mente dormida lo ayudarían a continuar el trabajo. Greene sentía tal fascinación por el mundo onírico que llegó a publicar su diario de sueños: *A World of My Own*. El escritor estadounidense John Steinbeck, autor de *Las uvas de la ira*, incluso bautizó a esta capacidad para resolver problemas por la noche: «el comité del sueño».

Edward Enninful solo tenía dieciocho años cuando lo contrataron como director artístico de *i-D*, una revista británica centrada en la moda juvenil de la calle. Trabajó allí durante dos décadas antes de pasar a la edición italiana de *Vogue*, a la edición estadounidense de *Vogue* y a *W*. En 2017, a los cuarenta y cinco años, el británico de origen ghanés se convirtió en el primer editor jefe varón, homosexual, de clase obrera y negro de la edición británica de *Vogue* en sus ciento seis años de historia. Enninful atribuyó a los sueños su visión creativa.

«A veces, es como si me peleara conmigo mismo y no hay manera de que se me ocurra una idea, así que me acuesto. Entonces, me despierto y veo todas esas imágenes. Veo a la modelo, la ubicación, el peinado, el maquillaje... Durante años pensé que eso era hacer trampas. Un día, mi madre me dijo: "En realidad, es un don"», explicó Enninful durante una entrevista en la radio. También contó que, en una ocasión, mientras se recuperaba de una intervención en los ojos y no pudo ver durante tres semanas, los sueños cobraron aún más importancia. Era como soñar «en tecnicolor». Fue precisamente durante este tiempo de recuperación cuando concibió la que quizás sea su portada más memorable: Rihanna, como reina futurista para la revista *W*.

Como los sueños son tan visuales, también pueden promover el pensamiento figurativo, cuando «vemos» algo que simboliza otra cosa. De la misma manera que Kekulé interpretó la serpiente que se comía la cola como la respuesta a su pregunta sobre el benceno, podemos pensar en los sueños más como poesía que como prosa, muy ricos en metáforas.

Se dice que Maya Angelou, escritora y activista por los derechos civiles estadounidense, recurría a los sueños en busca de orientación. Cuando soñaba que veía un rascacielos en construcción y empezaba a ascender por el andamio, lo interpretaba como una señal de que su escritura iba por el buen camino.

¿Sueñan de un modo distinto las personas creativas? Los investigadores han descubierto que la probabilidad de que las personas creativas e imaginativas tengan sueños vívidos es mayor, probablemente porque existe una continuidad única en cómo experimentan el mundo. Si eres una de esas personas que tiende a la divagación mental, la barrera entre la vigilia y los sueños es más difusa, por lo que es posible que la información y las ideas puedan pasar de un estado a otro con más facilidad.

Actividad cinestésica: los sueños y el movimiento

El baile y otras formas de movimiento son un tipo fundamental de inteligencia que, con frecuencia, no se valora lo suficiente. El uso de herramientas, aguja e hilo, arcos y flechas o nudos también exige creatividad cinestésica. Muchas de las innovaciones e inventos clave para la humanidad han surgido de esa forma de creatividad, que exige planificación, habilidades motoras y procesamiento espacial y, por lo tanto, requiere la activación de múltiples regiones cerebrales.

La creatividad cinestésica comienza con la visualización del movimiento, algo que sucede de forma natural cuando soñamos. Y es que los sueños son también un campo de pruebas visoespacial.

Si pensamos en la capacidad de los primeros humanos para sobrevivir y prosperar entre criaturas que eran más fuertes y rápidas, es probable que sus sueños les dieran ideas que resultaron fundamentales para la sobrevivencia. Parece razonable que los sueños promovieran un movimiento creativo, un conocimiento procedimental que acumulamos a lo largo de la vida y que acaba formando parte de un pozo creativo del que bebemos como especie.

Robert A. Mason y Marcel Adam Just, del Centro de Imágenes Cognitivas de la Universidad Carnegie Mellon, decidieron estudiar qué sucede en el cerebro mientras alguien ata un nudo.[4] El conocimiento procedimental, como el que se necesita para atar un nudo, es distinto a saber algo de algo, porque se despliega a lo largo del tiempo: atar un nudo consiste en una secuencia de movimientos. Sorprendentemente, este tipo de memoria procedimental, como atarse los zapatos, no suele desaparecer ni siquiera en personas con demencia.

Durante la formación en cirugía, una de las primeras cosas que se aprenden al entrar en el quirófano es el nudo de cirujano, una variación de un nudo cuadrado que se usa para cerrar heridas con firmeza. Por ejemplo, antes de que empezáramos a usar electricidad para cauterizar los vasos sanguíneos, utilizábamos nudos para atarlos de modo que los pudiéramos cortar sin riesgo de hemorragia. A veces, había que atar cientos de nudos. Que uno solo de ellos se deshiciera podía tener consecuencias catastróficas. Atar nudos, el movimiento de los dedos y las manos, se convierte en una especie de ballet cuando se hace bien; es como si las manos tuvieran voluntad propia.

En su estudio sobre la atadura de nudos, Mason y Just usaron resonancias magnéticas funcionales (RMf) para mostrar en directo la actividad cerebral de los participantes. Los investigadores concluyeron que el primer paso del proceso de atar un nudo era planificar la secuencia de movimientos antes de manipular la cuerda. Cuando pidieron a los participantes que se limitaran a imaginar que hacían el nudo, descubrieron algo fascinante: la firma neuronal era exactamente la misma que cuando se disponían a atar el nudo de verdad y lo planificaban. En otras palabras, cuando soñamos, las neuronas disparan como si estuviéramos llevando a cabo la conducta que soñamos. Esto permite que los sueños refuercen el conocimiento procedimental, algo que puede resultar útil en muchas facetas de la vida, como el baile, el arte o el deporte. Por ejemplo, el jugador de golf Jack Nicklaus atribuyó la mejora de su juego a un sueño que le indicó una manera nueva de agarrar el palo.

En tanto que neurocirujano, intento aprovechar el poder creativo de los sueños. La noche antes de una operación especialmente compleja, reviso imágenes del cerebro del paciente y del tumor cerebral. Mientras concilio el sueño, imagino que giro el tumor, prestando especial atención al tejido cerebral que lo rodea y que debo o evitar o atravesar. Cuando me despierto, dedico unos minutos a revisar las formas y los contornos de la intervención programada. Esta práctica me ha funcionado muy bien para desarrollar la conciencia espacial de la estructura anatómica que debía diseccionar o rodear. Dado que los sueños son experiencias visoespaciales, estoy convencido de que he repetido en sueños de algún modo este ejercicio mental, lo que ha reforzado mi comprensión de la intervención inminente, por mucho que, en ocasiones, por la mañana no recuerde lo que soñé.

Muchos experimentos han demostrado que dormir y soñar nos ayuda a aprender. En un experimento, los participantes corrieron por un laberinto de realidad virtual. Después, la mitad de ellos tomaron una siesta y la otra mitad permanecieron despiertos. Cuando luego volvieron al laberinto de realidad virtual, los que habían dormido obtuvieron mejores resultados que los que no, pero los que tuvieron mejores resultados fueron los que no solo habían dormido, sino que también habían soñado. Soñar despiertos acerca del laberinto no ayudó a los que no durmieron.

¿Los que durmieron y soñaron obtuvieron mejores resultados porque soñaron acerca de cómo salir del laberinto? Aunque parecería lo lógico, no fue así. Dos de los participantes soñaron con música. Otro soñó con una cueva con murciélagos que era como un laberinto, pero no como el laberinto de realidad virtual. Aunque los participantes no soñaron con el laberinto, el mero acto de soñar los ayudó, de algún modo, a consolidar los recuerdos de este. Conocían mejor el laberinto porque habían soñado. La correlación es clara, aunque aún no entendemos del todo cómo funciona.

Las pesadillas y la creatividad

En 1987, Ernest Hartmann, de la Facultad de Medicina de la Universidad Tufts, dirigió un estudio en profundidad en el que comparó a doce personas que habían sufrido pesadillas durante toda su vida con doce personas que tenían sueños vívidos y con doce personas que no tenían ni pesadillas ni sueños vívidos.[5] Todos los participantes se sometieron a entrevistas estructuradas, test psicológicos y otras medidas para evaluar su personalidad. Los investigadores concluyeron que las personas que sufrían pesadillas tenían más tendencias creativas y artísticas que las de los otros grupos. Es decir, las mismas mentes capaces de imaginar fuerzas malignas o amenazantes en sueños pueden emplear sus fértiles imaginaciones con fines creativos cuando se despiertan.

Las pesadillas han inspirado la obra de muchos escritores famosos. El escritor de libros de terror más famoso del mundo, Stephen King, se durmió en un avión y soñó con una mujer enajenada que secuestraba y mutilaba a su escritor preferido. El resultado de ese sueño fue el libro *Misery*.

El resplandor también fue fruto de un sueño. King y su esposa eran los dos únicos huéspedes de un hotel de montaña que estaba a punto de cerrar la temporada. Allí, el escritor soñó que su hijo de trece años corría por los pasillos como si lo persiguiera el demonio. La pesadilla lo despertó y se encontró bañado en sudor. Recuerda que encendió un cigarro y se puso a mirar por la ventana: «Para cuando acabé el cigarro, ya había armado la estructura del libro».

¿Y qué decir de las pinturas rupestres y otros artefactos antiguos hallados en Francia y otros lugares? Muchas de las criaturas representadas en todo el mundo son zoomórficas y combinan rasgos animales y humanos. Los arqueólogos se han preguntado si los sueños fueron la inspiración de esas imágenes fantásticas. Dado que las pesadillas son los sueños que más se recuerdan, ¿podrían ser estas las primeras representaciones artísticas de pesadillas? A mí me gusta pensar que sí. Cabría argumentar que la narración de historias nació del deseo de compartir sueños y pesadillas.

Incubar sueños que estimulen la creatividad

Los egipcios antiguos construían templos del sueño donde los creyentes pasaban la noche con la esperanza de que el lugar les indujera sueños que los curaran de alguna enfermedad o los ayudaran a tomar decisiones importantes. Y, en la Grecia antigua, las personas acudían a templos especiales donde rogaban que se les enviara un sueño que resolviera sus problemas. Los griegos lo llamaban *incubación*. En la actualidad, la investigación nos dice que la incubación de sueños es más que una práctica desfasada y basada en la fe. Se basa en hechos científicos.

Los investigadores han descubierto que podemos influir en lo que soñamos aplicando solo el poder de sugestión. Aunque no se trata en absoluto de un proceso infalible, han descubierto que el mero hecho de afirmar la intención de soñar acerca de una persona determinada o de un tema concreto puede inclinar los sueños en esa dirección. Por lo tanto, quizás podríamos incubar sueños que nos ayuden a activar la creatividad, a reflexionar acerca de un dilema social o a ponderar una decisión importante. Deirdre Barrett, psicóloga del sueño en Harvard, pidió a sus alumnos que pensaran en un problema con relevancia emocional para ellos quince minutos antes de acostarse.[6] La mitad de ellos reportaron sueños relacionados con el problema.

Como los sueños son tan visuales, visualizar a la persona, la idea, el lugar o el problema mientras nos quedamos dormidos aumenta la probabilidad de éxito de la incubación de sueño. Tal y como hemos visto en el capítulo sobre las pesadillas, la terapia de ensayo en imaginación permite reformular pesadillas recurrentes y reescribir el argumento de modo que se vuelvan benignas o incluso acaben bien. Aunque puede sonar como una técnica excesivamente simplista, recordarás que la investigación demuestra que, con frecuencia, es efectiva y libera a las personas de las pesadillas. Incubar los sueños también puede sonar como una fantasía, pero varios estudios serios respaldan esta estrategia como una manera de orientar los sueños en una dirección concreta.

Investigadores del Media Lab del MIT han trabajado en el desarrollo de tecnología que permita modificar el sueño y los sueños para maximizar la creatividad (véase la página 97). Un dispositivo detecta que el durmiente está entrando en el sueño, le pregunta en qué está pensando y graba la respuesta. Tal y como veremos en el capítulo 8, hay otras maneras de incubar el contenido de los sueños (por ejemplo, usando los sentidos).

Tal y como hemos visto cuando hablábamos de cómo aliviar las pesadillas (véase página 68), podemos escribir lo que queremos soñar en un papel y dejarlo en la mesita de noche o poner cerca de la cama una fotografía o un objeto relacionado con ello. Es más que un ritual totémico. Son maneras reales en que distintas personas explican que incuban sus sueños. Es como si metiéramos las materias primas en un caldero y esperáramos a que los sueños las combinen de maneras nuevas e inesperadas.

La incubación de sueños tiene más éxito cuando la solución se puede pensar visualmente, porque la corteza visual está muy activa durante el sueño REM. Antes de acostarte, piensa en el problema o el tema acerca del que te gustaría soñar. Imagínate soñando con ello, despertándote y escribiendo el sueño en un papel que dejaste en la mesita.

Los alumnos de Barrett eligieron temas académicos, médicos y personales y anotaron qué sueños les habían ofrecido posibles soluciones a sus problemas. Uno de ellos, que se había mudado de departamento y no encontraba la manera de disponer los muebles de modo que el espacio no quedara abarrotado, soñó que ponía la cómoda en el comedor. Lo probó y funcionó. En otro caso, un alumno que intentaba decidir entre inscribirse en un programa académico en Massachusetts o en otro lugar soñó que estaba en un avión que debía hacer un aterrizaje de emergencia y que el piloto anunció que aterrizar en Massachusetts era demasiado peligroso. Al pensar en el sueño, el alumno vio las virtudes de inscribirse en otro lugar.

Los sueños que no recordamos también pueden influir en nuestros pensamientos diurnos. Quizás tengamos una idea surgida de la nada, algo que se nos ocurre de golpe, una solución a un problema que aparece de improviso. Es muy posible que la fuente de esa chispa creativa haya sido un sueño, por mucho que no lo recordemos. Soñamos todas las noches y, todas las noches, lo sueños ponen a nuestro servicio todo su esfuerzo creativo.

Aprovechar el potencial creativo de los sueños

Muchas personas creen que no son creativas por naturaleza. Quizás tú seas una de ellas. Sin embargo, no olvidemos que soñar es, en sí mismo, un acto creativo en el que todos participamos. Las personas ciegas también sueñan y compensan la ausencia de contenido visual experimentando más sonidos, sensaciones, sabores y aromas que las personas que ven. Por fortuna, todos podemos cultivar la capacidad de soñar creativamente.

Cuando soñamos, generamos narrativas cautivadoras a partir de recuerdos lejanos, sucesos recientes y planificados, emociones, fragmentos de cosas que hemos visto en línea o leído en un libro, y otros elementos dispersos de nuestra vida que entretejemos para confeccionar historias. Casi nada escapa a ello. Los personajes de nuestras historias pueden ser miembros de la familia, familiares ya fallecidos, figuras históricas, amigos, compañeros de trabajo, desconocidos o personas con las que hemos interactuado muy brevemente. Charlie Kaufman, el dramaturgo estadounidense, dijo: «El cerebro está programado para transformar estados emocionales en películas. Los sueños están muy bien escritos [...]. Transformamos la ansiedad, las crisis, los anhelos, el amor, las lamentaciones y la culpa en historias ricas y completas que nos narramos en sueños».[7]

Sin embargo, ¿cómo podemos acceder a nuestro potencial creativo? ¿Qué podemos hacer para cultivar la creatividad de nuestros sueños y dirigirlos de modo que resulten lo más productivos que sea posible? El primer paso es recordarlos.

La mayoría de nosotros hemos tenido la experiencia de intentar recordar un sueño y sentir que se nos escapaba entre los dedos, viéndolo al principio de forma algo indefinida y fuera de nuestro alcance y, al final, sintiendo que se disipaba en la nada a medida que se diluía en el océano del sueño, dejando solo residuos en la superficie. Si esto sucede, es por algo. Necesitamos mantener límites claros entre el yo dormido y el yo despierto. La historia de nuestra vida (nuestro yo narrativo) se construye a partir de los recuerdos autobiográficos que, por supuesto, se generan durante las horas de vigilia. Luego los usamos para dar sentido al pasado y proyectar el futuro. Si los recuerdos de los sueños se mezclaran con los recuerdos autobiográficos, el resultado sería increíblemente confuso. Por lo tanto, nuestras descabelladas vidas soñadas, en las que habitamos y encarnamos plenamente la experiencia de nuestros sueños, se ven obligadas a quedar soterradas cuando la memoria autobiográfica regresa a nosotros por la mañana.

Hay algo muy sencillo que podemos hacer para recordar lo que soñamos: afirmar la intención «Soñaré. Recordaré lo que sueñe y lo escribiré». No es necesario usar estas palabras exactamente, pero algo en esta línea será efectivo. Un estudio tras otro ha demostrado que este tipo de autosugestión mejora la probabilidad de que recordemos nuestros sueños. Aunque no hay un mecanismo biológico concreto al que podamos recurrir para explicarlo, es muy probable que, como parte de nuestra vida despiertos se filtra a nuestra vida onírica, la mente soñadora retenga la autosugestión.

Cuando te despiertes, permanece quieto y en silencio durante unos instantes y, entonces, escribe todo lo que recuerdes de lo que hayas soñado en una libreta que tendrás en la mesita o en la aplicación de notas del celular. No enciendas la luz. No mires las notificaciones del celular. Solo dispones de un par de minutos. El objetivo es demorar la activación súbita de la red ejecutiva. Adopta el hábito de despertarte poco a poco y de intentar recordar qué soñaste antes de hacer cualquier otra cosa. Es un proceso que se puede cultivar y la calidad del recuerdo mejorará con el esfuerzo y la práctica. La capacidad para recordar los sueños cada vez será mayor, y lo será de forma rápida: pasarás de recordar unos cuantos fragmentos las primeras mañanas a contar con narrativas ricas en detalles al cabo de solo una semana o dos. Hagas lo que hagas, intenta poner por escrito los sueños antes de empezar a pensar en el día que tienes por delante.

Lo cierto es que olvidamos los sueños porque estamos programados para olvidarlos. Cuando nos despertamos, la red ejecutiva recupera la hegemonía y la memoria autobiográfica vuelve a ocupar su lugar. Esto da congruencia a nuestra experiencia día a día: quiénes somos, dónde estamos, qué debemos hacer durante la jornada que acaba de comenzar... Es muy importante que los sueños no interfieran en la memoria autobiográfica. También necesitamos otros tipos de memoria: memoria procedimental para habilidades como ir en bicicleta; memoria episódica para eventos, rostros y nombres específicos... La memoria autobiográfica lo reúne todo y teje la experiencia completa de nuestra vida, no los elementos aislados que la componen.

Dos neurotransmisores —la serotonina, asociada a la vigilia, y la adrenalina, que se libera en cuanto la atención se dirige hacia fuera y se orienta a un objetivo— median esta transición, que comienza cuando despertamos. Y eso elimina cualquier posibilidad de recuperar los sueños.

Dirigir la atención hacia fuera cuando nos despertamos es un mecanismo de sobrevivencia muy potente. Al fin y al cabo, cuando dormimos quedamos prácticamente indefensos. Estar alerta y orientarse con rapidez seguramente ayudó a los primeros seres humanos a evaluar si estaban o no en peligro en cuanto se despertaban. Y, tal y como he explicado en el primer capítulo, la adrenalina es una fuerza muy potente que, cuando estamos despiertos, nos da la capacidad de identificar las señales entre el ruido de la vida diaria. Cuando soñamos, hacemos justo lo contrario. Desatendemos todas las señales y exploramos la jungla del cerebro que sueña en busca de patrones y de sentido entre el ruido.

Aunque, con frecuencia, somos incapaces de recordar lo que hemos soñado una vez que estamos despiertos, hay ciertas pruebas que apuntan a que conservamos parte del contenido de los sueños. Tal y como hemos visto en el capítulo 1, parece que almacenamos los sueños en un sistema de memoria distinto. Así, incluso los sueños que hemos olvidado permanecen vivos.

Por lo tanto, si el objetivo es recordar lo que soñamos, debemos circunvalar la neurología, aunque solo sea durante unos instantes, para mantener un pie en el mundo de los sueños. Retirarnos a nuestros sueños puede expandir la mente de maneras que resultan imposibles durante la experiencia vivida. Pensar en soñar e intentar recordar los sueños también puede expandir la vida que soñamos, como cuando practicamos un idioma nuevo u otra habilidad física o cognitiva.

Hipnagogia: el portal a la creatividad

¿Y si pudiéramos bordear un espacio cerebral liminal que nos permitiera alternar entre el pensamiento divergente y la función ejecutiva? De hecho, podemos. Ese estado entre el sueño y la vigilia, cuando estamos a punto de conciliar el sueño, se conoce como *hipnagogia*. Estamos despiertos, pero también tenemos pensamientos semejantes a los que tenemos en sueños y que se pueden alejar de la realidad. Es un estado ideal para el pensamiento creativo. En este sentido, durante el estado hipnagógico el cerebro se comporta de un modo muy parecido a como se comportaba el de Anna debido al quiste.

Salvador Dalí, el pintor surrealista, reconocía la difusa línea entre el mundo onírico y el mundo real como una potente fuente de creatividad y desarrolló una técnica para beber de ella. Se sentaba en una butaca mientras sostenía entre el índice y el pulgar una llave pesada sobre un plato que dejaba en el suelo. Cuando se dormía, la llave caía sobre el plato y el ruido lo despertaba. Entonces esbozaba inmediatamente la visión alucinatoria que hubiera tenido mientras conciliaba el sueño. Dalí llamaba a esto el «secreto de dormir despierto» y lo usaba como inspiración.

Los electroencefalogramas (EEG), que registran las ondas cerebrales, permiten plasmar esta combinación de sueño y vigilia. Justo al comienzo del sueño, el EEG muestra tanto las ondas de la vigilia, llamadas ondas alfa o «rápidas», como las ondas del sueño, llamadas theta o «lentas». Es una rara ventana de oportunidad en la que ambos tipos de ondas se solapan. Sería como un estuario, donde se encuentran el agua del mar y del río, el agua salada y el agua dulce, y dan lugar a algo único, un lugar en el que podemos acceder a la maravillosa creatividad de los sueños y, al mismo tiempo, ser conscientes de ello. Al igual que sucede cuando soñamos, durante ese periodo no guiamos los pensamientos ni las imágenes, con frecuencia casi alucinatorios, que surgen justo al comienzo del sueño; nos limitamos a observarlos. Y, al igual que cuando estamos despiertos, tenemos acceso a esos pensamientos en directo. No es de extrañar que Dalí describiera el estado hipnagógico como «hacer equilibrios sobre la cuerda tensa e invisible que separa el sueño de la vigilia».[8]

Un equipo de investigadores del Institut du Cerveau de París decidió poner a prueba la técnica hipnagógica de Dalí.[9] Presentaron a los participantes una secuencia de ocho números, con la instrucción de encontrar el noveno tan rápidamente como pudieran. El problema se podía responder despacio, paso a paso, o rápidamente, si descubrían la norma oculta que regía el patrón numérico. Se dijo a los participantes que no resolvieron el problema que podían descansar durante veinte minutos y se les pidió que se reclinaran en una butaca mientras sujetaban un objeto, como hacía Dalí. Cuando se les caía el objeto, justo en el momento en que empezaban a conciliar el sueño, les preguntaban en qué estaban pensando en el instante antes de que se les cayera. Durante el proceso, se registraron sus ondas cerebrales, los movimientos oculares y los músculos, para comprobar si en la fase hipnagógica estaban despiertos o durmiendo más profundamente. Tras la pausa de veinte minutos, se les volvió a pedir que resolvieran la secuencia numérica.

Los investigadores descubrieron algo extraordinario: un solo minuto de estado hipnagógico inspiró la solución. La probabilidad de que el grupo que había entrado en la nebulosa entre la vigilia y el sueño resolviera el problema triplicó a la de las personas que habían permanecido despiertas. Cuando los investigadores examinaron más de cerca lo que sucedía, descubrieron el punto justo para la creatividad. Resolver el problema se asociaba a un nivel intermedio de ondas alfa, las de la vigilia y la red ejecutiva. Los participantes que obtuvieron los mejores resultados no estaban demasiado alertas, con un nivel elevado de ondas alfa, pero tampoco sentían una gran necesidad de dormir profundamente, que se asociaba a un nivel inferior de ondas alfa. Esa era la cuerda invisible que buscaba Dalí. Por su parte, los participantes que conciliaron un sueño más profundo obtuvieron resultados peores tras el periodo de incubación en comparación tanto con los que habían permanecido despiertos como con los del grupo del estado hipnagógico.

Los investigadores del Institut du Cerveau de París habían demostrado lo que ya se intuía desde hacía mucho tiempo. El estado hipnagógico es «un coctel para la creatividad». La fórmula: un problema seguido de un breve periodo de incubación y del estado hipnagógico. El paso final es volver al problema.

Tal y como he mencionado antes, un equipo de investigación del Media Lab del MIT está intentando desarrollar tecnología que permita aprovechar esta ventana de creatividad.[10] Han desarrollado un «dispositivo de incubación de sueños dirigidos» que evoca la técnica de Dalí e intenta detectar el comienzo del sueño con un sensor flexible en el dedo medio que detecta la disminución de la frecuencia cardiaca y los cambios en la actividad electrodérmica. Mientras que la mano de Dalí se abría dejando caer una llave en un plato de metal cuyo sonido lo despertaba y le hacía saber que acababa de entrar en un estado hipnagógico, este dispositivo detecta la apertura lenta de la mano junto a la reducción del tono muscular. Cuando el dispositivo detecta el estado hipnagógico, emite señales sonoras diseñadas para dirigir el sueño e impulsar la creatividad. Sin embargo, estos productos son nuevos y, en el momento de escribir este libro, aún no se ha demostrado si funcionan o no.

Es posible que las posibilidades que ofrece el sueño hipnagógico vayan más allá de la imaginación fértil y que también faciliten el aprendizaje. Un estudio examinó a participantes novatos y expertos en el videojuego Tetris, cuyo objetivo es reorientar con rapidez formas geométricas que descienden por la pantalla de modo que se puedan apilar de manera ordenada. Para el estudio, se pidió a los participantes que jugaran al videojuego durante siete horas a lo largo de tres días. Cuando empezaban a conciliar el sueño, se les despertaba y se les preguntaba qué estaban pensando. Tres cuartas partes de los jugadores inexpertos dijeron que veían caer piezas de Tetris durante el estado hipnagógico. Solo la mitad de los jugadores expertos reportaron lo mismo. Entre los expertos, algunos vieron imágenes geométricas, pero de una versión del juego a la que habían jugado antes del estudio. Esto sugiere que los novatos estaban aprendiendo, mientras que al menos algunos de los expertos estaban integrando su experiencia más reciente con ocasiones anteriores en las que habían jugado al Tetris.

Cómo funciona exactamente todo este proceso sigue siendo objeto de una investigación intensa, sobre todo porque los novatos tuvieron la mayor cantidad de visiones de Tetris durante la segunda noche del estudio, lo que supone una demora importante. Tanto si eran jugadores novatos como expertos, la similitud de la cognición hipnagógica entre unos y otros resultó sorprendente: todos dijeron que vieron piezas de Tetris cayendo, algunas veces girando y otras encajando con precisión en los espacios abiertos al pie de la pantalla.

Todos estos estudios son muy emocionantes y nos recuerdan que debemos entender el estado hipnagógico como un estado mental único en el que, si bien nos hemos liberado de los límites que nos impone la vigilia, aún no los hemos dejado completamente atrás.

Entonces, ¿qué hay de Anna, mi paciente? Es posible que experimentara una explosión de creatividad cuando el quiste en el cerebro imitó lo que sucede durante el sueño, pero, a medida que el inexorable goteo de fluido fue siguiendo su curso, los dolores de cabeza se volvieron cada vez más frecuentes e intolerables. Cada gota aprisionaba más al cerebro y empezó a sufrir dolores de cabeza insoportables. Las personas que sufren dolores de cabeza de este tipo explican que es como si el cráneo se resquebrajara. La solución era muy sencilla: hacer una diminuta incisión detrás de la línea de nacimiento del cabello y taladrar una abertura del tamaño de una moneda en el cráneo para drenar el fluido. La intervención ni siquiera deja una cicatriz visible.

Sin embargo, Anna se resistía. No quería perder su creatividad. Adoraba crear mundos nuevos y no quería regresar a vivir en uno solo. Rechazó mi ofrecimiento y esa fue la última vez que la vi. Sé que antes o después tuvo que llegar a un punto en el que los dolores de cabeza resultaran realmente insoportables o que el cerebro ya no pudiera seguir funcionando con la presión creciente, pero (al menos en aquel momento) el riesgo de perder la explosión de creatividad fue demasiado para ella. Y yo lo entendí.

5
Los sueños y la salud: qué revelan los sueños acerca de nuestro bienestar

La década de 1990 estaba llegando a su fin y mi formación había comenzado hacía poco. Estaba al final de la autopista más famosa de Los Ángeles, la US 101, cuando conocí a un paciente que cambió por completo mi manera de pensar acerca de los sueños y del proceso de soñar. Lo cierto es que, antes de conocerlo, no había dedicado demasiado tiempo a pensar en los sueños y mucho menos a reflexionar sobre la relación entre estos y la salud física, entre los sueños y el cuerpo. Sin embargo, este paciente hizo que lo viera de un modo muy distinto.

Para visitarlo en el Centro Médico para Veteranos, tuve que conducir por delante del cartel de Hollywood, de distintos estudios cinematográficos, del enorme Hospital General de Los Ángeles y de la Cárcel Estatal de Los Ángeles. En Estados Unidos, los veteranos militares cuentan con su propio sistema hospitalario, así que fue en el Centro Médico para Veteranos donde lo conocí. Era un hombre de cincuenta y cinco años de edad que sufría pesadillas de inicio reciente. Al igual que la mayoría de nosotros, durante la edad adulta había tenido alguna pesadilla ocasional, pero ahora se habían vuelto muy frecuentes. Era algo nuevo y preocupante. En aquel momento, yo asumía que las pesadillas en los veteranos de combate eran un signo de trastorno de estrés postraumático (TEPT), pero el paciente insistía en que no era su caso. Hacía décadas que no entraba en combate y no presentaba ni había presentado nunca ningún otro síntoma.

Sin embargo, lo que más le sorprendía era el tipo de personajes que habitaban sus sueños. Eran animales. Inmediatamente, pensé en la posibilidad de que se tratara de una esquizofrenia sin diagnosticar. Aunque la causa de esta enfermedad mental severa y con frecuencia incapacitante sigue siendo un misterio, los síntomas se asemejan mucho a sueños que se transforman en alucinaciones y delirios cuando el paciente está despierto. Las personas con esquizofrenia no solo ven animales a menudo, sino que, a veces, los animales hablan entre ellos y, en ocasiones, las conversaciones tienen que ver con el individuo que está soñando. Sin embargo, los animales que poblaban los sueños de mi paciente eran pasivos, poco más que simples figuras en el paisaje onírico que no se relacionaban entre ellos ni con él. Además, mantenía una conversación fluida sin dificultad. Los signos no tenían mucho que ver con la enfermedad mental.

«¿Te asusta lo que sueñas?», le pregunté. Se limitó a negar con la cabeza. La revisión médica y el análisis de sangre eran normales, pero su amigo explicaba que cada vez gritaba más en sueños y que daba la impresión de que actuaba lo que soñaba. De hecho, había llegado a golpear a su pareja mientras dormía. Esto me hizo pensar en otra cosa: el trastorno de conducta del sueño REM (cuando el cuerpo no queda paralizado durante el sueño), aunque es posible que fuera más adecuado llamarlo conducta de actuación del sueño (CAS).

Por la noche, el cerebro y el cuerpo siguen un ciclo de sueño repetitivo y muy marcado. En cada ciclo, el sueño ligero se ve sucedido por el sueño profundo, caracterizado por ondas cerebrales lentas y rítmicas. Tras el sueño de ondas lentas, el patrón vuelve a cambiar. Los ojos se empiezan a mover bajo los párpados y la mayoría de los músculos del cuerpo quedan paralizados. Como los ojos se mueven sin cesar bajo los párpados cerrados, este ciclo se conoce como *sueño de movimientos oculares rápidos*, o REM, por sus siglas en inglés.

Con frecuencia, se habla del sueño REM y de soñar como si fueran sinónimos, pero no es así. Podemos soñar en todas las fases del sueño. Soñar es posible incluso en ausencia de sueño REM, pero es durante esta fase cuando se dan los sueños más intensos y extraños. Como moverse es imposible mientras se sueña, somos un público cautivo, encerrados a salvo en un teatro onírico donde presenciamos un espectáculo que hemos creado para un público compuesto de una sola persona.

Gracias a estudios llevados a cabo en laboratorios del sueño, donde se despierta en distintos momentos a los participantes mientras están soñando, sabemos que los sueños evolucionan a medida que la noche avanza. Tienden a incluir más elementos de la vida real a primera hora, mientras que lo que soñamos hacia el final de la noche acostumbra a ser más emocional y a incluir elementos autobiográficos más antiguos. Estos sueños, los que tenemos justo antes de despertarnos, son los que recordamos con más facilidad. El cariz de los sueños también evoluciona: son más negativos al comienzo de la noche y se van volviendo más positivos a medida que esta avanza.

Trabajar con este paciente me llevó a darme cuenta de que los sueños no están separados del cuerpo y de que la relación entre la mente que sueña y la salud es mucho más intrincada de lo que jamás hubiéramos podido imaginar.

Los sueños nos pueden advertir de futuras enfermedades

Aunque entonces no lo sabíamos, esta combinación única de síntomas (varones de cincuenta y tantos años que actúan sus sueños) da lugar, años después, a un tipo de enfermedad cerebral llamada *sinucleinopatía*. Y no es que suceda a veces: sucede casi siempre. Un asombroso 97 % de las personas cuya conducta de actuación de sueños no tiene causa conocida presentan enfermedad de Parkinson o demencia de cuerpos de Lewy en un plazo de catorce años.

Sinucleinopatía es el nombre técnico con el que se alude a esta familia de enfermedades neurodegenerativas caracterizadas por la acumulación anormal de una proteína llamada alfa-sinucleína. Esta pequeña proteína existe de forma natural en el interior de las neuronas, donde desempeña funciones reguladoras importantes, como el mantenimiento de las sinapsis interneuronales. En la sinucleinopatía, la proteína se dobla mal y las proteínas mal dobladas se agregan y forman una especie de lodo molecular que tiene consecuencias nefastas. Además, se extienden de una neurona a la siguiente, por lo que causan cada vez más daños. Si bien se desconoce la relación entre las proteínas mal formadas y la CAS, la correlación no deja de ser sorprendente.

Aunque la mayoría de los signos clínicos aparecen junto a la enfermedad subyacente, hay ocasiones en que se detectan antes que la enfermedad. En la medicina, estas señales de advertencia se conocen como *pródromos*, signos que preceden a la enfermedad en sí. La fiebre y la pérdida de apetito pueden ser un pródromo de una infección. Sin embargo, la mayoría de los pródromos aparecen horas o días antes del inicio de la enfermedad, no con una década o más de antelación, como sucede con la CAS y las sinucleinopatías.

En el trastorno aparentemente no relacionado de mi paciente, los sueños predijeron la degeneración del cerebro y los nervios años antes que cualquier otro signo o prueba diagnóstica. Los sueños de este hombre y su evolución se asociaban a su salud física de maneras que siguen escapando a nuestra comprensión. Sin embargo, sabemos que la extraordinaria capacidad de la CAS para predecir sinucleinopatías es comparable a las técnicas de diagnóstico por imagen o a los análisis de sangre con que se diagnostican otros trastornos. Y son muy pocas las pruebas que pueden ser tan precisas con años de antelación. Los pacientes que presentan conductas de actuación del sueño reportaron sueños vívidos, violentos y repletos de acción. El argumento de los sueños acostumbra a consistir en una amenaza física inminente, ya sea para ellos o para alguien próximo a ellos. Los informes de actuación de sueños en varones de cincuenta, sesenta y setenta años que se han publicado documentan el caos: puñetazos, patadas, peleas, huir de atacantes o de animales salvajes... Un hombre usó una almohada para defenderse de un pterodáctilo imaginario. La prevalencia de los animales presenta ciertas similitudes con la esquizofrenia, pero, de nuevo, estas narrativas oníricas no se filtran al día, como sí sucede con la esquizofrenia.

La actuación de los sueños puede ser violenta. En la mayoría de las ocasiones, las personas con CAS actúan los sueños sin levantarse, pero hay veces en que sí se levantan de la cama y se caen o chocan con paredes mientras huyen de perseguidores imaginados. En una ocasión, un hombre que soñó que peleaba con un asaltante acabó haciéndole una llave en el cuello a su mujer. De hecho, es habitual que los hombres sueñen que están defendiendo a sus mujeres y, al despertar, se descubran agrediéndolas. Por otro lado, hay muy pocos casos de mujeres con CAS y, de todas formas, los sueños que tienen son menos agresivos. A diferencia de los hombres, cuando actúan lo que sueñan, no suelen estar soñando que se enfrentan a un atacante.

Como la agresión es un hilo común en la actuación del sueño en el párkinson y otras sinucleinopatías, sería tentador asumir que esas personas son más agresivas por naturaleza, que, quizás, los sueños son un reflejo de quiénes son en realidad. Pero resulta que sucede todo lo contrario. Los investigadores han descubierto que los soñadores combativos obtienen puntuaciones inferiores al promedio en los cuestionarios de agresividad diurna. La extraña desconexión entre la personalidad diurna y la conducta en sueños es un misterio.

No todos los sueños que se actúan son combativos. La literatura científica recoge conductas no violentas, como comer y beber, así como sueños CAS que incluyen reír, cantar, aplaudir, bailar, besar, fumar, recoger manzanas o nadar. Un hombre soñó que estaba pescando y se sentó en el borde de la cama sosteniendo una caña de pescar imaginaria.

Como la actuación de los sueños y la aparición de pesadillas en la edad adulta son predictores clínicos de la enfermedad de Parkinson años o incluso décadas antes de que el paciente presente los primeros síntomas motores de la enfermedad neurodegenerativa, prestar atención a los sueños podría ofrecer a los médicos una rara ventana de oportunidad para la intervención realmente temprana. Desde que conocí a mi paciente hace más de dos décadas, he sabido de otros casos en los que, aparentemente, los sueños pueden advertirnos o informarnos acerca de nuestra salud.

Por ejemplo, a mediados del siglo XX, Vasily Kasatkin, un investigador del Instituto Neurológico de Leningrado, recogió informes de sueños de más de 350 pacientes y concluyó que las enfermedades físicas afectaban a los sueños.[1] El 90% de los más de 1600 informes de sueños que reunió eran negativos y trataban de temas como guerras, incendios o lesiones. Lo interesante es que los sueños acerca de dolor real eran muy infrecuentes y solo representaban el 3% de los sueños registrados. Investigaciones posteriores han corroborado la conclusión de que el dolor físico es muy infrecuente en los sueños.

Kasatkin también concluyó que los sueños suelen aparecer antes que los síntomas físicos de la enfermedad, aunque no ofreció un porcentaje concreto. De la misma manera que la conducta de actuación de sueños presagia el párkinson y otras enfermedades de los cuerpos de Lewy, la investigación que llevó a cabo convenció a Kasatkin de que los sueños desagradables y las pesadillas predecían enfermedades físicas. Citó a un paciente que soñaba con náuseas, comida podrida y vómitos que desarrolló gastritis y a otro que soñaba con ratas que le roían el abdomen y a quien posteriormente diagnosticaron una úlcera. Creía que los sueños de las personas enfermas eran distintos a otras pesadillas, porque se prolongaban durante toda la noche y parecían guardar relación con la parte enferma del cuerpo. Por ejemplo, alguien con problemas de pulmón tendría pesadillas relacionadas con la dificultad para respirar. Kasatkin también documentó sueños que evolucionaban a medida que la enfermedad seguía su curso y durante la recuperación.

Por fascinante que resulte esta conexión sueño-cuerpo, también es muy difícil de demostrar, porque la mayoría de los pacientes recordaban los sueños cuando ya estaban enfermos. Quizás se trataba sencillamente de un caso de sesgo de confirmación, donde los pacientes enfermaban y luego recordaban un sueño que parecía haberlos advertido de algún modo. En un esfuerzo para aportar evidencias científicas más sólidas, los investigadores han intentado captar sueños y, luego, ver cómo se relacionan con la salud futura del participante.

En un estudio, se preguntó a un grupo de pacientes con problemas cardiacos acerca de sus sueños antes de someterse a una cateterización cardiaca, una intervención rutinaria en la que se usan cables para abrir secciones de arterias coronarias obstruidas. Los investigadores los siguieron durante seis meses tras el alta hospitalaria y puntuaron su estado de salud en una escala de seis puntos: curación, mejora, sin cambios, empeoramiento sin hospitalización, empeoramiento con hospitalización y muerte.

Sorprendentemente, los investigadores hallaron que la narrativa de los pacientes guardaba relación con la evolución clínica. Los hombres que soñaban con la muerte y las mujeres que soñaban con la separación tenían más probabilidades de experimentar resultados clínicos peores, independientemente de la severidad del problema cardiaco inicial. Esto sugiere que, de algún modo, lo que soñaban ofrecía pistas acerca de la prognosis. ¿Eran los sueños una especie de señal de la salud física? ¿Transmitían la actitud de la persona que soñaba en relación con la enfermedad y la recuperación? Aunque no lo sabemos con certeza, los resultados son interesantes y sugieren la existencia de cierta conexión entre la mente que sueña y la salud.

Atender a los sueños ha conducido incluso a diagnósticos de cáncer. Un estudio describió a mujeres que atribuían a advertencias recibidas en sueños la decisión de hacerse una revisión para la detección de cáncer de mama... en la que se les diagnosticó la enfermedad. Describían los sueños de advertencia como más vívidos e intensos, y afirmaban que transmitían sensación de amenaza, peligro o temor. Algunas dijeron que sus sueños contenían incluso las palabras «cáncer de mama» o «tumor», mientras que otras experimentaron la sensación física de notar el pecho. Casi todas las mujeres que habían tenido este tipo de sueños dijeron que estaban convencidas de que en ellos eran avisos importantes.

Uno de los sueños que ha sido objeto de fascinación y de temor desde hace miles de años tiene que ver con los dientes y, por lo general, con la caída de estos. Desde tiempos inmemoriales, se ha interpretado que soñar con la caída de los dientes presagia acontecimientos desagradables, como la muerte de un miembro de la familia o la pérdida de propiedad. Un libro de 1633 titulado *The Countryman's Counsellor* afirma que soñar con dientes ensangrentados presagia la muerte de la persona que sueña. Internet ofrece muchas más interpretaciones de sueños relacionados con dientes.

Sin embargo, es posible que el verdadero motivo que explica esos sueños sea mucho más mundano. Soñar con dientes puede guardar relación con la tensión en la zona de la mandíbula durante el sueño. Un equipo de investigación israelí llevó a cabo un estudio con doscientos diez estudiantes universitarios y concluyó que los sueños sobre dientes tenían que ver con sensaciones de tensión en los dientes, encías o mandíbula al despertar, lo que podía tener que ver con el bruxismo nocturno.[2] Si otros estudios confirman estas conclusiones, es muy posible que la causa del icónico sueño de perder los dientes sea muy normal.

En cuanto a mi paciente, no lo volví a ver más, pero podría decir cómo fueron sus años siguientes, porque sus sueños me presentaron el mapa de su futuro: en los años que siguieron, desarrolló una enfermedad neurodegenerativa que dañó su mente y le acabó provocando la muerte. A medida que mi vida y mi carrera profesional fueron avanzando, siempre que me topaba con la relación entre la mente y el cuerpo, ya fuera leyendo literatura científica o durante alguna conversación informal, me acordaba de este paciente y pensaba que los cambios en qué y cómo soñamos podrían constituir las primeras señales de alarma que nos envía el cerebro para avisarnos de la inminencia de alguna enfermedad.

Pero lo sueños guardan aún otra relación con la salud, una que podría ser todavía más importante, gracias a su habilidad para separar la mente del cuerpo.

Los sueños nos ayudan a gestionar el dolor emocional

En algún momento de nuestras vidas, casi todos hemos soñado que llegamos tarde a un examen, que estamos desnudos en público o que perdemos el avión o el autobús. En sueños, nada nos impide dar voz a nuestros mayores miedos, expresar lo que sentimos de verdad o exponer nuestros pensamientos más feos. De este modo, nos ofrecen una manera completamente segura de procesar rupturas sentimentales, problemas de salud y otras circunstancias negativas.

Pensemos en los sueños y el divorcio. No cabe duda de que el divorcio es uno de los eventos que más sacuden la vida adulta: es una situación estresante que pone patas arriba la relación central en la vida de la persona y afecta profundamente la salud. Estudios muy amplios han concluido que, en promedio, el divorcio tiene el mismo efecto sobre la esperanza de vida que la obesidad o el consumo excesivo de alcohol. Hay personas que superan bastante bien el proceso de divorcio, mientras que otras la pasan muy mal. La diferencia entre quienes lo superan y los que no va mucho más allá de la actitud de unos y otros. ¿Cómo nos podrían ayudar los sueños a superar de un modo más saludable este suceso vital potencialmente devastador?

Un estudio en profundidad sobre mujeres divorciadas concluyó que las que seguían con sus vidas de un modo más saludable eran las que continuaban soñando con sus exparejas, pero sin responder de un modo negativo a sus sueños,[3] sino presentando una respuesta emocional neutra cuando su ex aparecía en ellos. Esta indiferencia emocional resultaba liberadora y les permitía superar mejor el divorcio. Soñar con el ex no indicaba que desearan volver con él ni que lamentaran haberse divorciado. La clave para entender los sueños era la emoción que suscitaban en ellas, más que su contenido.

Por otro lado, los investigadores han descubierto que las personas que afrontan bien el final de un matrimonio suelen recordar más los sueños que las que no. Es posible que recordar el sueño refuerce su potencial terapéutico, porque la persona puede reflexionar sobre lo soñado durante el día. Las participantes en este estudio intentaban superar un acontecimiento vital sin precedentes y con mucha carga emocional. Recordar la indiferencia que habían sentido al soñar con su ex podía ser catártico.

Se podría argumentar que la psicoterapia imita lo que sucede durante el sueño, porque ofrece un espacio seguro en el que expresarse, valorar distintas situaciones hipotéticas y explorar las emociones. Explorar el contenido de los sueños también puede ser de gran ayuda durante las sesiones de terapia, no porque revele deseos reprimidos, como afirmaba Freud, sino porque revela emociones genuinas. Clara Hill, una influyente profesora de psicología, ya jubilada, de la Universidad de Maryland, afirmaba que los sueños ayudan a las personas a entenderse mejor a sí mismas, porque son personales y pueden ser «desconcertantes, aterradores, creativos y recurrentes».[4] Sin embargo, Hill admitía que, con frecuencia, los terapeutas no se sienten preparados para trabajar con los sueños de sus clientes porque no es un tema incluido en su formación.

Además del potencial terapéutico que tienen los sueños por sí mismos, la neuroquímica cerebral también experimenta cambios beneficiosos durante los sueños más emocionales. Durante la fase REM, el cerebro desconecta la adrenalina, el neurotransmisor que activa la ansiedad. Es algo que no sucede en ningún otro momento del día. Por lo tanto, soñar podría ser una especie de terapia de exposición, en la que la intensidad emocional de las experiencias con que se sueña se ve mitigada. Como resultado, las personas reportan menos emociones negativas después de dormir y de soñar.

Explicarse los sueños crea intimidad

Los sueños ofrecen una visión íntima del mundo interior, por lo que explicárselos a alguien puede ser una señal de confianza, de vulnerabilidad y de intimidad emocional. Quizás esto explique por qué hay estudios de investigación que han concluido que explicar los sueños a la pareja puede ser una manera excelente de reforzar la relación. Los sueños ofrecen la ventaja añadida de ser simbólicos, no literales, por lo que permiten hablar de una forma abierta de emociones y de problemas familiares, sin culpa y sin necesidad de ponerse a la defensiva, buscar chivos expiatorios o entablar luchas de poder. La intimidad emocional y la satisfacción en la relación van de la mano, por lo que parece natural que explicarse los sueños tenga un efecto positivo sobre la relación. Pocas experiencias son tan privadas y potencialmente reveladoras como los sueños.

Un estudio comparó a parejas que hablaban de cómo les había ido en el día durante media hora tres veces a la semana con parejas que se explicaban los sueños durante media hora tres veces a la semana.[5] Las puntuaciones sobre la intimidad y la satisfacción con la pareja mejoraron en ambos grupos, pero las puntuaciones de intimidad en el grupo que se contaba los sueños fueron superiores. Un ejemplo revelador: un hombre y una mujer que llevaban casados más de diez años dijeron que necesitaban más intimidad como pareja. Él sentía que se abría completamente a su mujer, pero ella no se sentía próxima a él emocionalmente hablando. Cuando se empezaron a explicar los sueños, él reveló una faceta distinta de sí mismo. De día, era serio y reservado. En sueños, era efusivo y rebelde. Los sueños emocionaban al uno y a la otra e inyectaron vitalidad en la relación.

La trabajadora social de una cárcel de máxima seguridad para mujeres creó un grupo semanal para hablar de lo que soñaban las reclusas y descubrió que explicarse los sueños generaba confianza, comunidad y conexión entre ellas.[6] Compartir los sueños también las ayudaba a expresar emociones sin miedo ni vergüenza, así como a afrontar las penurias de estar encarceladas. Una reclusa dijo que el grupo la había ayudado a entender cómo sucesos del pasado habían sido la causa de que acabara en la cárcel. Otra dijo: «Siento que este es un lugar seguro en el que explicar cosas. La gente es abierta y no te juzga. Te apoyan, a ti y a tus sueños».

Investigadores de la Universidad de Swansea (Reino Unido) estudiaron los beneficios de los grupos de sueños como este[7] y concluyeron que explicar un sueño y hablar de él puede llevar a descubrimientos importantes acerca de la vida real a los que no se habría llegado de no ser por el grupo. Los grupos de sueños también generaban empatía hacia la persona soñadora y forjaban un vínculo social entre quien explicaba su sueño y quienes la escuchaban.

El psiquiatra Montague Ullman creó el Laboratorio de Sueños en el Centro Médico Maimónides de Brooklyn (Nueva York) para promover los beneficios de los grupos de sueños.[8] El proceso que desarrolló para estos grupos se puede aplicar también en relaciones de pareja.

El primer paso es que la persona que ha soñado explique el contenido de su sueño con tanto detalle como le sea posible y sin interpretar. Si en el sueño hay personajes, dice si son personas reales o no y, si lo son, explica qué relación tienen con él o ella.

Después cada miembro del grupo reflexiona en voz alta: «Si yo hubiera soñado esto, me sentiría...» y «Si hubiera soñado esto, los símbolos me recordarían a...». Hacen la reflexión sin mirar ni dirigirse directamente a la persona que explicó su sueño. Según Ullman, esto indica que los miembros del grupo se toman el sueño en serio y, además, en ocasiones comparten observaciones que resultan reveladoras para la persona que ha soñado. A continuación, se invita a esta última a responder.

Para terminar, el grupo puede hacer preguntas a la persona que explicó el sueño y ayudarla a establecer conexiones entre lo soñado y su vida real y a encontrar el posible significado del sueño. Ullman sugiere que las habilidades más importantes en un grupo de sueños son saber escuchar y formular preguntas que susciten información importante.

Los grupos de sueños ofrecen una buena oportunidad para generar comunidad y comprensión en relación con nuestro acto más íntimo: soñar. Explicar lo que soñamos permite que los demás nos entiendan de una manera nueva y, además, comprender lo que soñamos nos ayuda a entendernos a nosotros mismos. En mi opinión, hacer ambas cosas forma parte de una vida plena.

Los sueños como termómetro de la depresión y la adicción

La depresión afecta a la visión del mundo, a la motivación y, por supuesto, al estado de ánimo. De día, la depresión nos puede inundar de desesperación, vacío e impotencia. De noche, esta abrumadora carga emocional se puede filtrar a la vida que soñamos.

Como es de esperar, las imágenes de los sueños de las personas con depresión tienden a ser oscuras. Incluso las personas que están tristes durante el día, pero no clínicamente deprimidas, tienden a presentar emociones más negativas en los sueños. Del mismo modo, las personas que reportan estados de ánimo desagradables cuando están despiertas tienen más contenido agresivo, más emociones negativas y más desgracias en sus sueños.

Los sueños también pueden ser una especie de termómetro de nuestro bienestar psicológico y enviar advertencias serias a las personas con una depresión severa. Quienes tienen un trastorno depresivo mayor sufren el doble de pesadillas que las personas que no padecen una depresión clínica. Se desconoce el mecanismo molecular que lo explica.

Sin embargo, lo más preocupante es que, al parecer, las pesadillas elevan el riesgo de suicidio o de intentos de suicidio en las personas con depresión. Un estudio que investigó los sueños de personas sin depresión, pacientes deprimidos y pacientes con ideaciones suicidas descubrió que las narrativas de los sueños eran un predictor muy potente de la conducta suicida. La violencia, la truculencia y los asesinatos eran más frecuentes en los sueños de los pacientes suicidas. Entre los adolescentes, tener pesadillas de forma habitual se ha asociado a intentos de suicidio posteriores y a autolesiones no suicidas, lo que ofrece una oportunidad crucial para la intervención temprana.

La depresión cambia de maneras sorprendentes cómo dormimos y soñamos porque altera la arquitectura del sueño. Las personas deprimidas pasan menos tiempo en el sueño profundo previo a la aparición del sueño REM, mientras que la longitud y la intensidad emocional de este aumentan. Los investigadores usaron técnicas de imagen no invasivas, como la RMf, que mide las variaciones en el flujo sanguíneo asociadas a la actividad cerebral, y descubrieron diferencias en los centros límbicos (emocionales) del cerebro de las personas deprimidas en comparación con los de las no deprimidas mientras soñaban. Tanto en las unas como en las otras, los centros límbicos emocionales del cerebro estaban más activos durante el sueño REM que durante las horas de vigilia. Sin embargo, la actividad emocional era superior entre las personas con depresión.

Durante la depresión, los sueños REM acostumbran a volverse más negativos a cada ciclo de sueño de noventa minutos que pasa, quizás porque se centran en recuerdos negativos y se convierten en un circuito negativo que se retroalimenta de ansiedad y miedo. Esto podría explicar por qué los pacientes con depresión se sienten especialmente mal por la mañana, no porque su sueño se haya visto interrumpido, sino por el campo emocional negativo que caracteriza a los últimos sueños que tuvieron antes de despertar.

Algunos pacientes con depresión manifiestan que, de hecho, se encuentran mejor si no duermen, aunque solo sea durante una noche. La investigadora Rosalind Cartwright se propuso averiguar si acortar el sueño REM ayudaría a las personas con depresión clínica.[9] Lo habitual cuando se despierta a alguien en pleno sueño vívido es que se levante cansado e irritable al día siguiente. Por el contrario, si se interrumpe el sueño REM de alguien con depresión clínica, a la mañana siguiente presentará una mejora del estado de ánimo y del nivel de energía general. Como recordarás, en las personas sin depresión clínica, los sueños pueden ser como una especie de terapeuta nocturno que amortigua las emociones negativas. Parece que esta función del sueño desaparece en las personas con depresión. Cartwright concluyó que interrumpir los sueños emocionales de personas con depresión podría evitar que llegaran a sus finales negativos.

Sin embargo, sus conclusiones no proporcionan una receta para tratar la depresión únicamente mediante la modificación del sueño. En la práctica, acortar el sueño REM fuera de un laboratorio del sueño sería muy difícil. Además, la privación del sueño REM es perjudicial para el cerebro y, en cuanto tenemos la oportunidad de dormir plenamente, compensamos el sueño REM perdido y, con él, los sueños que lo acompañan.

Los sueños también nos ofrecen información importante acerca de la adicción. Los sueños acerca de alcohol o de drogas son habituales entre los adictos al comienzo de la recuperación, sobre todo entre los que cuentan con una historia más larga de problemas con el alcohol o las drogas. De hecho, al comienzo de la abstinencia, los sueños sobre el alcohol o las drogas acostumbran a ser más frecuentes que en la época en que el paciente consumía estas sustancias tóxicas. Es como si los sueños intentaran satisfacer el ansia que ya no pueden satisfacer cuando están despiertos. Estos sueños pueden resultar perturbadores y producir miedo, culpa y arrepentimiento intensos, hasta que la persona adicta se despierta. Los sueños sobre alcohol y drogas suelen disminuir a medida que el ansia por consumir hace lo propio.

Quizás pienses que es muy mala señal que un adicto sueñe con consumir. Sin embargo, es justo lo contrario. Soñar que se consume alcohol o drogas se considera un indicador de buen pronóstico para los adictos en tratamiento. El alivio que sienten al constatar que el consumo de alcohol o drogas no ha sido más que un sueño manifiesta un cambio de actitud. Y eso es especialmente cierto si la persona adicta rechaza el alcohol o la droga en sueños. Un brasileño que se estaba recuperando de la adicción al *crack* lo describió así: «En el sueño sabía que no debía consumir la droga. La agarré, pero se la di a otra persona. Me parece fantástico que mi subconsciente esté cambiando mi manera de pensar y de actuar. Me despierto feliz al ver que rechacé la droga incluso en sueños».[10]

Los sueños y las enfermedades cerebrales

Aunque los médicos no lo comentan casi nunca con sus pacientes, la disfunción de los sueños también forma parte de los últimos capítulos de la enfermedad de Parkinson. Aunque los signos más evidentes de la enfermedad son los síntomas físicos que empeoran cada vez más, como la pérdida del equilibrio y la coordinación, la incapacidad de caminar sin ayuda o una voz muy suave que mengua aún más al hablar, casi el 80% de los pacientes con demencia asociada a la enfermedad de Parkinson sufren pesadillas intensas. Y las pesadillas agresivas y llenas de acción pueden ser el primer signo de la fase final e incapacitante de la enfermedad.

Como hemos visto antes, estos pacientes también acostumbran a reportar el regreso de los animales como personajes de sus sueños, algo que suele ser habitual entre los niños. Y, como sucede con los sueños de los niños, los animales con los que sueñan no son sus mascotas ni animales domésticos, sino animales salvajes. El regreso de personajes animales a medida que el cerebro se deteriora me lleva a preguntarme si volvemos a una versión más primitiva de nosotros mismos, a los cerebros con los que el ser humano vivía no hace treinta mil años, sino hace treinta mil generaciones. ¿Podría ser que tanto el cerebro en desarrollo como el cerebro envejecido sueñen con animales como una especie de legado cognitivo de nuestros antepasados, de una era de evolución cerebral rápida durante la que el ser humano convivía con los animales salvajes? Tampoco es una pregunta tan descabellada. Algunos trastornos del sueño, como las pesadillas, se concentran en familias y se pueden transmitir genéticamente.

Si el trastorno de CAS en hombres de mediana edad conduce de manera casi inevitable a la enfermedad de Parkinson, los

cambios en los patrones de los sueños también pueden adver-
tir del empeoramiento de los síntomas de otra enfermedad
mucho más prevalente en la que el cerebro y la mente se dete-
rioran: el alzhéimer.

Gracias a técnicas de imagen sofisticadas, ahora podemos
recrear una especie de mapa térmico que se correlaciona con
la actividad metabólica en todo el cerebro y que permite medir
el consumo de energía. Cuanto más activa está una región cerebral, más energía consume. El mapa térmico muestra en rojo
las áreas muy activas y en azul las inactivas. Los investigadores
descubrieron algo sorprendente en los pacientes con alzhéimer. Las áreas del cerebro que aparecían en azul en el mapa
(las áreas que estaban dormidas) se solapaban con las que
componen la red imaginativa. La enfermedad de Alzheimer
atrofia la red imaginativa, que tiene dificultades para activarse.
Y esto podría tener consecuencias para el sueño de estas personas.

Sin embargo, ¿es el alzhéimer lo que lleva a la pérdida de
la capacidad de soñar, es la pérdida de la capacidad de soñar la
que lleva al alzhéimer o acaso ambas cosas se retroalimentan
en una espiral descendente? Hay científicos que se están empezando a plantear si la falta de sueños exacerba el deterioro
del cerebro. Otros van aún más lejos y sugieren que el alzhéimer podría ser una enfermedad de sueños perdidos: además
de la pérdida de memoria, el alzhéimer también provoca la
pérdida de la regulación emocional, algo a lo que los sueños
contribuyen todas las noches. Por lo tanto, parece posible que
el deterioro de los sueños interfiera en la regulación emocional de las personas con alzhéimer. Dada la pérdida de memoria asociada, es posible que nunca lleguemos a determinar si
estos pacientes sueñan menos o recuerdan menos los sueños,

o ambas cosas, porque el cerebro y la mente son inseparables y recíprocos.

La relación entre qué soñamos y quiénes somos aún está más entretejida en las personas con trastorno de identidad disociativo, antes conocido como trastorno de personalidad múltiple. El trastorno de identidad disociativo es un trastorno mental que lleva a que una misma persona desarrolle personalidades distintas y únicas que controlan su conducta en distintos momentos. Resulta que esas personalidades alternativas acostumbran a aparecer en los sueños, como personajes, antes de tomar las riendas de la conducta de la persona cuando se despierta. Estos personajes oníricos podrían ser prototipos, una especie de ensayo para las personalidades alternativas que emergerán durante el día.

Los escáneres practicados a pacientes con personalidades múltiples revelan cerebros intactos y enteros, lo que sugiere que las personalidades alternativas no son el producto de una división o fisura literal en el cerebro. De hecho, practiqué intervenciones en las que tuve que «separar» los hemisferios derecho e izquierdo, o incluso extirpar un hemisferio entero, y estos pacientes no reportaron cambios en sus sueños, y mucho menos de la aparición de identidades nuevas. Las personalidades alternativas del trastorno de identidad disociativo son un fenómeno mucho más interesante que una anomalía fisiológica. Son una creación del soñador.

Las personas con trastorno de identidad disociativo pueden soñar de distintas maneras. A veces, una personalidad alternativa aparece en el sueño de otra. La psicóloga Deirdre Barrett ha estudiado cómo las personalidades alternativas recuerdan un mismo sueño desde diferentes puntos de vista.[11] Por ejemplo, una paciente describió un sueño en el que era una niña pequeña que se había escondido debajo de la cama porque alguien le quería hacer daño. Otra personalidad recordaba el mismo sueño, pero ahora era una niña que intentaba distraer a la niña asustada, mientras que un tercero amenazaba a la niña escondida.

La esquizofrenia es una enfermedad grave que lleva a quien la padece a interpretar la realidad anómalamente y también se puede revelar en sueños. Las personas con esquizofrenia pueden oír voces o tener la sensación de que alguien las persigue, y esta visión perturbadora y distorsionada de la realidad se filtra al mundo que sueñan. Los diarios de sueños de las personas esquizofrénicas pueden llegar a helar la sangre. Pueden estar llenos de agresión y de sadismo, con frecuencia con imágenes de mutilaciones. Para la mayoría de nosotros, tres cuartas partes de los personajes que aparecen en nuestros sueños son personas a las que conocemos, ya sea personalmente o por su rol social, como el cajero del banco, un maestro o un amigo. Los sueños de las personas con esquizofrenia están poblados de una cantidad de desconocidos superior a la habitual, con frecuencia hombres y en grupo. A medida que las personas con esquizofrenia reciben un tratamiento antipsicótico y su estado clínico mejora, los sueños se vuelven menos aterradores y más positivos emocionalmente, aunque aún contienen más desconocidos que los sueños de personas sin esquizofrenia.

Dadas todas las pruebas que demuestran que los sueños nos informan acerca de la salud física, como el avance del alzhéimer, el trastorno de identidad disociativo o la esquizofrenia, no acabo de entender que los médicos no pregunten a sus pacientes acerca de sus sueños como parte de la evaluación médica.

Cuando los sueños nos hacen daño

Las pesadillas ocasionales son un fenómeno habitual y se pueden deber al estrés y a la ansiedad. En su gran mayoría son inofensivas. Nos despiertan y nos asustan, pero es muy poco probable que afecten a nuestra salud o a nuestro bienestar general. Las pesadillas que forman parte de un trastorno de pesadillas son muy distintas. Se trata de pesadillas recurrentes y perturbadoras que interfieren en el funcionamiento diurno. Son tan frecuentes y angustiosas que hay quien acaba temiendo el momento de acostarse. Estas pesadillas sí que son motivo de preocupación y de consulta con un médico o terapeuta. De otro modo, se corre el riesgo de que causen un bucle de insomnio nocturno, somnolencia diurna y ansiedad.

Las pesadillas pueden ser una medida del bienestar emocional. Si empezamos a tener pesadillas frecuentes cuando antes teníamos muy pocas, debemos prestar atención al cambio. Los cambios súbitos en el patrón de las pesadillas también son motivo de preocupación. Las pesadillas pueden ser un aviso de que nos sucede algo más grave en términos de salud mental, como por ejemplo una depresión. Se estima que una tercera parte de los pacientes psicóticos tienen pesadillas frecuentes. Creo que prestar atención a las pesadillas es tan importante como prestar atención a los dolores de cabeza. Si pasamos de tener dolores de cabeza ocasionales a sufrirlos con frecuencia, debemos ir al médico.

Casi tres cuartas partes de las personas con TEPT sufren pesadillas de forma habitual. A diferencia de la fiebre que acompaña a la infección o del dolor asociado a las lesiones físicas, las pesadillas no son un mero síntoma del TEPT, sino que pueden infligir un daño emocional real.

Uno de los rasgos distintivos del TEPT es la aparición de sueños recurrentes que llevan a quien los sufre a revivir una y otra vez el suceso traumático. Los sueños vienen acompañados de miedo, ira o tristeza intensa por la noche y de hiperactivación y ansiedad durante el día. Las pesadillas del TEPT son distintas a las no asociadas al trauma, que pueden ser beneficiosas y que, al parecer, desempeñan incluso un papel fundamental en el desarrollo infantil, como hemos visto en el capítulo 2. Bessel van der Kolk, el psiquiatra que escribió *El cuerpo lleva la cuenta*, afirma que el trauma no tiene que ver con el pasado, sino con cómo el trauma habita en nuestro interior, y que «incluso los sueños pueden ser traumáticos para quien los sueña».[12] En otras palabras, soñar acerca de lo sucedido puede retraumatizar al que sueña. Es muy fácil comprobarlo. Durante las pesadillas, la frecuencia cardiaca y la respiratoria se aceleran, como si estuviéramos viviendo la situación en realidad. Las partes del cerebro que se activan cuando soñamos coinciden con las que se activarían si estuviéramos despiertos. Por ejemplo, correr en sueños activa la corteza motora. El miedo activa la amígdala.

Por otro lado, los sueños también pueden reformular las situaciones traumáticas de un modo que, con el tiempo, resulta terapéutico. Casi todo el mundo sufre algún tipo de trauma a lo largo de la vida, pero el abanico de respuestas posibles tanto en la vida real como en sueños es amplísimo. Algunos de nosotros somos capaces de recuperarnos después de un hecho traumático, como un accidente de automóvil, la pérdida repentina de un ser querido o ser víctimas de un delito, y presentamos una respuesta psicológica que se conoce como *crecimiento postraumático*. A otras personas no les va tan bien. Podemos saber mucho acerca de lo bien (o mal) que estamos gestionando un trauma si prestamos atención a lo que soñamos y determinamos si los sueños son simbólicos o realistas.

Como el foco emocional de las personas que han sufrido un trauma agudo reciente está muy claro, son ideales como participantes en estudios de investigación sobre los sueños. El investigador estadounidense Ernest Hartmann recogió series de sueños de entre dos semanas y dos años de duración en un estudio en el que participaron cuarenta personas con estas características.[13] Descubrió que, por lo general, la recuperación de un trauma supone pasar de sueños más literales a sueños que representan el trauma de otra manera visualmente. Los sueños dejan de ser repeticiones o situaciones muy parecidas del evento traumático y se convierten en narrativas simbólicas.

Soñar con maremotos o tsunamis es muy habitual entre los sobrevivientes de un trauma de todo tipo, tal como informan muchas de estas personas. Según Hartmann, la narrativa del sueño es algo así: «Estaba paseando por la playa con un amigo, no sé muy bien quién era, cuando de repente, una ola enorme, de unos diez metros de altura, nos lleva y nos arrastra mar adentro. Yo apenas me podía mantener a flote. No sé si al final conseguía llegar a la orilla o no. Y entonces me despertaba». Hartmann descubrió que los sobrevivientes de traumas también sueñan que se los llevan vientos huracanados. Informó que los cuatro primeros sueños que tuvo una mujer después de ser víctima de una agresión brutal fueron: ser atacada por una banda callejera, asfixiarse con una cortina, estar en la vía frente a un tren en marcha y ser arrastrada por un tornado. Por perturbadores que fueran los sueños, indicaban que se estaba recuperando.

Con el tiempo, a medida que el trauma es menos inmediato y que el impacto emocional del evento se transforma, las imágenes que vemos en sueños también cambian. Los sueños que primero contextualizan el miedo o el terror varían y encarnan la impotencia o la vulnerabilidad, que pueden aparecer en el sueño como un animal pequeño que muere en la carretera o como la persona caminando por un campo vasto en plena tormenta y sin refugio a la vista. Luego vienen los sueños en los que la imagen central representa la culpa del sobreviviente y, más tarde, el dolor.

Lo que resulta extraordinario, dado que la mayoría de nosotros sufrimos algún trauma a lo largo de la vida, es que no todos desarrollemos un TEPT. Las variables de quién desarrolla un TEPT y quién no tras la exposición a un evento traumático siguen sin estar claras. Y eso complica, si es que no imposibilita, la labor de predecir quién será incapaz de deshacerse de los recuerdos traumáticos (y de las pesadillas que los acompañan) y quién los superará. Sin embargo, un avance reciente en neurobiología ha identificado una molécula, la neurotensina, que podría funcionar como una especie de interruptor molecular.

Hao Li, investigador en el Instituto Salk de Estudios Biológicos en el Sur de California, dirigió un equipo que estudió cómo se codifican los recuerdos positivos y negativos.[14] Concluyeron que la neurotensina, una molécula de señalización, actúa como un interruptor y determina en cada momento si la amígdala, la parte del cerebro responsable de dar valencia emocional a los recuerdos, codificará un recuerdo dado como positivo o negativo. El descubrimiento de que un solo neurotransmisor puede marcar las experiencias de forma indeleble podría abrir la puerta a entender el sustrato biológico del TEPT. Quizás, en el TEPT, la neurotensina sobrecarga el cerebro de señales negativas. De ser así, esta molécula podría ser la vía hacia un tratamiento nuevo. Resulta emocionante pensar en la posibilidad de que modularla permita tratar la repetición traumática de recuerdos de pesadilla en el TEPT.

Si no se controlan, las pesadillas pueden llevar a lugares muy oscuros a las personas que sufren alguna enfermedad mental. Y es que tienen la capacidad de escapar del mundo de los sueños e infiltrarse en la vida diurna en forma de episodios psicóticos. En un informe de caso, un hombre de setenta y ocho años al que se ingresó en el hospital tras un intento de suicidio sufría pesadillas desde hacía tres años. La pesadilla era siempre la misma: lo perseguía un hombre que blandía un hacha y le soltaba unos perros enormes. El sueño era tan aterrador que el paciente evitaba dormir por todos los medios. En las dos semanas anteriores al ingreso hospitalario, se había despertado en múltiples ocasiones debido a alucinaciones auditivas y visuales protagonizadas por el hombre y los perros que lo perseguían. Al final, se intentó suicidar con un hacha para «hacerle el trabajo a su perseguidor». Se han reportado otros casos en los que las pesadillas se transforman en episodios psicóticos, lo que no solo destaca lo fluidas que pueden ser nuestra vida onírica y nuestra vida despiertos, sino lo surrealistas y devastadoras que son en algunos casos las pesadillas.

Los sueños nos pueden completar

En sueños, nos podemos ver completos de maneras esperadas y de maneras que parecen imposibles. Las personas que han sufrido amputaciones explican que, cuando sueñan, vuelven a tener todas las extremidades. Han recuperado los brazos o las piernas que perdieron en la vida real. Aunque el cerebro dormido no recibe señales de los miembros amputados, el cerebro que sueña puede usar los miembros inexistentes como si jamás se hubieran perdido.

En varios estudios, las personas que sufrieron amputaciones reportan sueños que serían imposibles en el mundo real. Un hombre con un brazo amputado soñó que aplastaba un mosquito de una palmada con ambas manos. Otro cambiaba de velocidad en un Ferrari Testarossa y, luego, le servía una bebida a un amigo, sujetando la botella de champán con la mano derecha y la copa con la izquierda. Una mujer a quien se había amputado una pierna casi entera soñó que corría huyendo de un avión que volaba demasiado bajo.

Cuando los sueños nos completan, lo que ocurre en el mundo onírico es casi mágico. Dos mujeres confinadas en sillas de ruedas tras lesiones medulares crónicas reportaron por separado algo increíble. Las dos refirieron sueños en los que aparecían sus sillas de ruedas. Sin embargo, casi nunca iban sentadas en ellas, sino que, en sueños, preferían empujar las sillas vacías.

En el caso de los pacientes con enfermedad de Parkinson y conductas de actuación de los sueños, estos les permiten superar las limitaciones que sus cuerpos tienen durante el día. Desafían cualquier lógica científica y exhiben lo que se conoce como *kinesia paradójica*. De día, las extremidades están rígidas y tensas y producen movimientos lentos, casi osificados. Y no es porque el paciente no se esfuerce. Lo que sucede es que las señales del cerebro al cuerpo se interrumpen. Cuando estos pacientes con párkinson sueñan y actúan sus sueños como resultado de la conducta de actuación de los sueños, los movimientos no son lentos ni espasmódicos, como cabría esperar. Se mueven con rapidez y de forma fluida. Los temblores, la debilidad y la rigidez que sufren de día desaparecen. La voz también se transforma. Bajita y trémula de día, hablan con voz fuerte y clara cuando sueñan. La kinesia paradójica sigue siendo un enigma.

A medida que descubrimos más acerca de la neurociencia de los sueños, aprendemos también más sobre el potencial que la mente y el cuerpo albergan y que solo los sueños revelan y liberan. La imaginación, la narrativa y las relaciones no son lo único ilimitado en el mundo de los sueños. Los poderes del cerebro que sueña no acaban ahí.

Desde que conocí a ese paciente hace casi veinticinco años, he dedicado mi vida y mi formación al cuidado y a la investigación del cerebro humano (de la persona humana) desde múltiples perspectivas científicas. Cuanto más aprendo, más me asombra y me maravilla el misterio que alberga la mente humana.

Una de estas capacidades, la de despertarse en pleno sueño y controlar la dirección de lo que sucede en el mundo onírico, parece más magia que ciencia. A pesar de que este fenómeno se describe desde hace miles de años, hemos tenido que esperar a esta década para poder investigar y demostrar científicamente que el cerebro puede soñar y, al mismo tiempo, estar parcialmente despierto.

6

Los sueños lúcidos: un híbrido de la mente despierta y de la mente que sueña

En 1975, un experimento puso la neurociencia patas arriba.[1] El objetivo de dicho experimento era nada más y nada menos que revolucionar nuestro entendimiento de la vigilia, el sueño y los sueños: los investigadores no solo querían demostrar que las personas pueden ser conscientes de sí mismas mientras sueñan, sino que lo querían demostrar haciendo que los participantes se comunicaran con el mundo exterior mientras soñaban. En otras palabras, querían demostrar que los sueños lúcidos son reales.

Alan Worsley, uno de los participantes del estudio, había recibido instrucciones muy específicas antes de conciliar el sueño en un laboratorio del sueño de Inglaterra.[2] Le pidieron que moviera los ojos a derecha e izquierda cuando fuera consciente de que estaba soñando... mientras seguía soñando. Para que los investigadores pudieran tener la seguridad de que los movimientos oculares no eran aleatorios, le pidieron que moviera los ojos fluidamente a izquierda-derecha-izquierda-derecha en una secuencia que ensayó mientras aún estaba despierto. Sería imposible confundir esos movimientos oculares deliberados con los movimientos oculares erráticos que caracterizan al sueño REM.

Las instrucciones se centraban en los ojos porque todos los músculos, a excepción de los que controlan los movimientos oculares y la respiración, quedan paralizados durante la fase REM. Esto hace que las personas que sueñan se comporten de un modo similar a las que sufren el raro síndrome del cautiverio tras una lesión catastrófica en el centro del cerebro. El paciente queda paralizado de ojos para abajo y solo se puede comunicar mediante parpadeos y movimientos oculares. Era un experimento audaz, pero el investigador, Keith Hearne, sabía que grandes afirmaciones requieren grandes pruebas. Incluso con los movimientos oculares, un científico lo bastante escéptico debería preguntar: ¿y cómo podemos tener la seguridad de que el participante no se ha despertado del todo el tiempo suficiente para mover los ojos a izquierda-derecha-izquierda-derecha?

Es una pregunta razonable que Hearne también había anticipado. Como había sembrado de electrodos el cuero cabelludo de los participantes, pudo registrar la firma eléctrica del sueño durante todo el experimento y recoger así los picos de los husos del sueño, una actividad eléctrica cerebral imposible de fingir. Otro conjunto de electrodos registraba la actividad eléctrica en los músculos del participante y mostró atonía o la parálisis casi completa del cuerpo. Se trata de otra medida de actividad eléctrica o, mejor dicho en este caso, de falta de actividad eléctrica que no se puede fingir.

¿Qué son los sueños lúcidos? Los sueños lúcidos son la experiencia de ser consciente de que se está soñando. Soñar lúcidamente es entrar en una paradoja que es más mística que real, una conciencia dual que abarca tanto el vívido e ilógico paisaje onírico como la conciencia de que uno, el soñador, es tanto el creador de ese sueño imaginado como uno de los personajes de este. En algunos casos, los soñadores lúcidos pueden ir un paso más allá y controlar la acción en el sueño y dirigir lo que sucede en directo.

Los sueños lúcidos no son una aventura New Age descubierta por *hippies* o gurús. Su existencia se conoce desde la Antigüedad, desde mucho antes de que Hearne y la ciencia moderna salieran a escena. Aristóteles habló de los sueños lúcidos en su tratado *Sobre los sueños* ya en el siglo IV a. C. Escribió: «Con frecuencia, cuando se duerme, hay algo en la conciencia que declara que lo que se presenta entonces no es más que un sueño».

La comunidad neurocientífica, yo incluido, se mostraba escéptica respecto a los sueños lúcidos a pesar de contar con registros de varios siglos de antigüedad. Por definición, los sueños suceden más allá de la conciencia. Quizás, las personas que refieren sueños lúcidos solo sueñan que son conscientes, como un sueño dentro de un sueño. O quizás se despiertan muy brevemente y se vuelven a dormir, por lo que creen, de manera equivocada, que han estado conscientes mientras soñaban. O quizás aún no estaban dormidas y estaban conciliando el sueño, por lo que lo que han interpretado como un sueño lúcido es, en realidad, una visión hipnagógica.

El otro problema al que se enfrentaban los investigadores era cómo demostrar la existencia de los sueños lúcidos, asumiendo que existieran. Al fin y al cabo, ¿cómo se puede demostrar objetivamente que alguien está teniendo un sueño lúcido sin despertarlo? Y, una vez despierta la persona, esta solo podría acceder a sus recuerdos subjetivos. Como Hearne sabía muy bien, algunos participantes en estudios de investigación quieren complacer a los investigadores, así que las personas que participaban en el suyo bien podrían reportar un sueño lúcido solo porque sabían que eso es lo que él, como investigador, quería escuchar. Y, por si eso no fuera suficiente, si la persona que sueña sigue dormida y, como sabemos, el cuerpo queda paralizado durante la fase REM, ¿cómo podía indicar que estaba teniendo un sueño lúcido?

Hacía años que los investigadores intentaban dar con la manera de que las personas que participaban en sus estudios se comunicaran mientras tenían sueños lúcidos. Uno trató de que movieran un dedo, otros intentaron entrenarlos para que hicieran pequeños movimientos de otro tipo o pulsaran un microinterruptor que les adherían a las manos. Ninguno de estos métodos funcionó. La parálisis del sueño REM no se puede superar ni con entrenamientos ni a base de fuerza de voluntad. Los movimientos de este tipo son imposibles, sin más. Recuerda que, durante el sueño REM, el cuerpo queda paralizado de los ojos para abajo, como en el síndrome del enclaustramiento. Fue Keith Hearne, entonces todavía un alumno de grado, quien cayó en la cuenta de que los movimientos oculares podían ser la clave que resolviera el problema.

Hearne era un investigador novato y un candidato poco probable a pionero de la neurociencia de los sueños. Conoció a su primer participante en el estudio, Worsley, por casualidad. Worsley, de treinta y siete años, le ayudó a él y a su mujer durante una mudanza y mencionó que tenía sueños lúcidos. Cuando Hearne comenzó a investigar sobre el tema, Worsley se presentó como voluntario.

En aquella época, en los laboratorios del sueño ya se medían los movimientos oculares para identificar el inicio del sueño REM. Se usaba un electrooculógrafo, un dispositivo que funciona colocando electrodos sobre la piel cerca de los bordes de los ojos. Cuando los ojos se mueven, incluso con los párpados cerrados, la señal eléctrica cambia. Ahora, una computadora registra los resultados que, en la época de Hearne, aparecían como líneas trazadas sobre un rollo de papel.

Por lo general, los movimientos oculares durante el sueño REM son aleatorios, y la gráfica del electrooculograma no muestra patrón alguno. Por lo tanto, se dio a Worsley la instrucción de que moviera los ojos a derecha e izquierda, porque sería imposible confundir esos movimientos deliberados con los movimientos oculares azarosos del sueño REM normal y se distinguirían con claridad de estos en el electrooculograma.

La primera noche que Hearne puso a prueba la hipótesis de que las personas que tienen sueños lúcidos podrían transmitir señales mediante los movimientos oculares, Worsley no emitió ni una sola señal. Poco antes de las ocho de la mañana, Hearne pensó que el experimento había fracasado y empezó a recoger el papel del electrooculograma. Entonces, de repente, Worsley tuvo un sueño lúcido y trató de enviar la señal. Pero ya era demasiado tarde: le habían retirado los electrodos.

Hearne lo intentó de nuevo una semana más tarde. Y Worsley volvió a tener un sueño lúcido poco después de las ocho de la mañana. Esta vez, Hearne estaba preparado. Los movimientos oculares produjeron zigzags amplios y diferenciados sobre el papel del electrooculograma. Hearne observaba, estupefacto. Hacía solo unos instantes estaba dormitando mientras veía cómo la línea de tinta avanzaba aleatoriamente, después de toda una noche controlando el equipo de registro. Lo que vio aparecer sobre el papel lo despertó de golpe: sabía que acababa de presenciar algo histórico. Más adelante, escribió que sintió la misma emoción que si las señales hubieran llegado de otro sistema solar.[3] Ese momento fue la inauguración oficial de la exploración científica de los sueños lúcidos.

Los trazos que surcaban el papel del electrooculograma fueron ondas sísmicas que sacudieron a la comunidad neurocientífica. Fue la primera vez que alguien enviaba señales en directo mientras soñaba, lo que demostraba que, al menos en un caso, al menos en una persona, era posible estar despierto en el interior de un sueño.

Hearne publicó sus conclusiones más de dos mil quinientos años después de que Aristóteles escribiera acerca de los sueños lúcidos. Sus artículos fueron revisados por pares, cuestionados y, finalmente, aceptados con reticencia después de que otros investigadores validaran y ampliaran su trabajo con sus propios experimentos acerca de los sueños lúcidos, en los que usaron las mismas señales izquierda-derecha-izquierda-derecha que Hearne había ideado. De hecho, estas señales se han convertido en el estándar de la investigación sobre los sueños lúcidos, en una especie de código Morse que ahora se usa en experimentos sobre el sueño en todo el mundo. Izquierda-derecha-izquierda-derecha en un laboratorio del sueño significa: estoy teniendo un sueño lúcido.

Cómo surgen los sueños lúcidos

Desde entonces, la manera en que la comunidad científica entiende los sueños lúcidos se ha ampliado y se ha vuelto cada vez más sofisticada, hasta convertirse en el enorme campo científico que es hoy. En las cuatro décadas que han transcurrido desde el experimento de Hearne hemos aprendido mucho acerca del tema, pero aún queda mucho por descubrir. A medida que los investigadores profundizan en los misterios del sueño lúcido, que prueban distintas técnicas de diagnóstico por imagen y que presentan retos nuevos a los participantes en los estudios, profundizan también en el funcionamiento del cerebro. Es como si los sueños lúcidos abrieran una ventana a mecanismos del cerebro que antes estaban ocultos y a los que hasta ahora no podíamos acceder.

Casi todo el mundo dice que ha experimentado sueños lúcidos espontáneos al menos una vez en la vida, y aproximadamente una de cada cinco personas dicen que tienen al menos un sueño lúcido al mes. Los sueños lúcidos aparecen con más frecuencia en hombres que en mujeres, son más habituales durante la infancia y tienden a remitir en la adolescencia. Con los sueños lúcidos, es como si la conciencia hallara una nueva dimensión: un estado híbrido liminal en el que podemos soñar despiertos o estar despiertos soñando.

Sin embargo, ¿cómo es posible que existan los sueños lúcidos? ¿Cómo puede una persona que sueña ser consciente de que está soñando mientras, técnicamente, sigue dormida? Y, cuando esto sucede, ¿cómo es que esa conciencia no rompe el hechizo y despierta al soñador? ¿Qué sucede en el cerebro en ese momento para que permita a la mente estar parcialmente despierta y dormida a la vez?

Tal y como hemos visto, durante los sueños ordinarios, la red imaginativa se activa y la red ejecutiva se apaga. Como la corteza prefrontal dorsolateral (la parte racional, razonadora y escéptica del cerebro) queda inactiva, la irrealidad de las narrativas oníricas no nos molesta y, a un nivel más básico, tampoco somos conscientes de estar soñando, por lo que habitamos plenamente la experiencia onírica. Por el contrario, en los sueños lúcidos sucede algo que interrumpe esta suspensión del escepticismo. Las personas que tienen sueños lúcidos reportan con frecuencia momentos en los que la escena del sueño es tan inverosímil que se acaban dando cuenta de que están soñando. Algunas de las experiencias oníricas que suelen activar el sueño lúcido, y a las que podríamos llamar *indicadores de sueños*, son emociones extrañas, acciones imposibles, cuerpos raros o que cambian de forma, y situaciones o entornos increíbles. Sin embargo, lo más interesante de todo esto es que las situaciones inverosímiles son, en cierto modo, la norma cuando soñamos.

Entonces, ¿qué sucede en el cerebro para que se active ese salto en la comprensión, esa claridad momentánea de que lo que estamos viviendo no es más que un sueño? Si los sueños son raros por naturaleza, ¿qué diferencia a esta extravagancia concreta para que la identifiquemos como un «indicador de sueños»?

Aunque todavía desconocemos la respuesta a estas preguntas, los investigadores han encontrado varios indicios que nos permiten vislumbrar en qué se diferencian los sueños lúcidos de los sueños normales. Por ejemplo, las técnicas de diagnóstico por imagen sugieren la posibilidad de que la red ejecutiva se reactive parcialmente durante los sueños lúcidos. La mayoría de lo que sabemos acerca de la ciencia de los sueños lúcidos se lo debemos a las señales eléctricas en el cuero cabelludo que registran los EEG. Una de las diferencias que muestran los EEG durante los sueños lúcidos en comparación con los sueños normales es la intensificación de las ondas cerebrales de frecuencia superior en algunas regiones de la corteza prefrontal. Tal y como hemos visto en el capítulo 1, esta región alberga la parte lógica del cerebro, que por lo general se desactiva mientras soñamos.

Los investigadores también han dado otros pasos que los han acercado a entender qué puede iniciar un sueño lúcido. Gracias a la estimulación transcraneal, un procedimiento no invasivo que envía tenues señales eléctricas al cerebro desde el exterior del cráneo para activar distintas partes de la corteza prefrontal, han descubierto que la electricidad aumenta la lucidez, incluso en personas que están soñando, pero no tienen sueños lúcidos. La estimulación transcraneal es una técnica en desarrollo que se usa para tratar trastornos como la depresión o las migrañas, pero también ha esclarecido algunos mecanismos de funcionamiento del cerebro y de la mente, por lo que no parece descabellado pensar que, en el futuro, podamos usar un dispositivo para generar sueños lúcidos a voluntad.

De momento, los sueños lúcidos siguen siendo un territorio reservado a una proporción relativamente pequeña de personas con la capacidad de acceder con regularidad a este mundo dual. Los sueños lúcidos son una hazaña mental increíble, pero también parecen frágiles y no siempre son del todo accesibles. En un ingenioso experimento,[4] se pidió a personas que solían tener sueños lúcidos que observaran una escena cuando estaban despiertas (por ejemplo, una habitación de su casa) y que se empaparan de los detalles. Cuando entraban en un sueño lúcido, se les pedía que modificaran el entorno del sueño para que se pareciera a esa escena que habían grabado en la memoria. La mayoría de estas «reconfiguraciones» oníricas fueron erróneas y lo seguían siendo incluso si la persona que soñaba era consciente de que lo eran. Uno de los participantes en el estudio describió así su sueño lúcido:

Abrí la puerta y la habitación estaba vacía [...]. Cerré la puerta e intenté que las cosas aparecieran tal y como estaban en casa [...]. Cerraba los ojos, pensaba en alguno de los objetos que recordaba, abría los ojos y el objeto aparecía. Primero fue la mesa de madera con la fruta [...]. Seguí cerrando y abriendo los ojos, para que todo encajara a la perfección, pero entonces las cosas se descontrolaron.

Nunca pudo recrear la estancia correctamente en el sueño lúcido y los demás participantes refirieron dificultades parecidas.

A pesar de la sensación de conciencia que acompaña a los sueños lúcidos, el cuerpo se sigue comportando como si lo que experimentamos fuera real, como sucede con los sueños normales. Por ejemplo, cuando la persona contiene la respiración en un sueño lúcido, el cuerpo muestra una apnea central. Cuando hace ejercicio, la frecuencia cardiaca aumenta. La respiración se acelera cuando sueña con sexo. La lucidez entra en el paisaje onírico normal, pero, de algún modo, la conciencia de estar soñando no reduce la respuesta corporal ante la narrativa del sueño. Eso es lo que da a la persona que tiene el sueño lúcido tanto la conciencia de estar en un sueño como la respuesta completamente visceral y física de estar ahí.

Una de las preguntas que vienen a la mente cuando se reflexiona acerca de esto es si la persona que tiene el sueño lúcido percibe el paisaje onírico de un modo distinto una vez que recupera cierta conciencia. Un equipo de investigación que no usó técnicas de imagen sofisticadas ni ninguna otra técnica puntera para estudiar los sueños lúcidos ofreció una respuesta elegante a esta pregunta. Se limitaron a emplear un monitor sencillo, pero esencial en los estudios del sueño: el oculómetro, que registra los movimientos oculares.

Si vemos una bandada de aves volando lentamente en la distancia cuando estamos despiertos, la seguiremos con la mirada de un modo fluido. Si imaginamos a esa misma bandada de aves volando en nuestro campo de visión cuando estamos despiertos, la seguiremos con la mirada, pero los movimientos oculares no serán fluidos, sino que darán saltitos. Es lo que se conoce como *movimientos sacádicos*. Sin embargo, las personas que sueñan con una bandada de aves durante un sueño lúcido la siguen con la mirada con movimientos fluidos. Esto se ve en los movimientos oculares, que muestran que están plenamente inmersos en el mundo onírico y siguiendo el movimiento como si se tratara de aves reales. Si la conciencia de que están experimentando un sueño lúcido hiciera la experiencia menos real y la asemejara más a un acto de la imaginación, los movimientos oculares pasarían a ser sacádicos.

A pesar de toda la investigación que se ha llevado a cabo, aún no sabemos por qué tenemos sueños lúcidos. Una teoría sugiere que representan un estado híbrido verdadero, durante el que la conciencia del cerebro despierto se filtra en el sueño REM, seguramente como resultado de una pauta concreta de ondas cerebrales que se reactiva en los lóbulos frontales. Por el contrario, otra teoría intenta ubicar los sueños lúcidos en un continuo de conciencia que incluye el sueño, la divagación mental y la vigilia. Al menos de momento, estas teorías no son más que distintas maneras de conceptualizar una incorporación extraña y, para algunos, maravillosa, a la vida onírica.

Aprovechar los beneficios que ofrecen los sueños lúcidos

A lo largo de la historia, los sueños lúcidos han sido un medio para aumentar la espiritualidad, y las religiones los han entendido como nada menos que un portal a la iluminación y a lo divino. En el budismo, la práctica espiritual tibetana del yoga de los sueños intenta aprovechar los sueños lúcidos para acceder a la inspiración espiritual. De hecho, entiende que los sueños ofrecen más potencial que la vigilia para la comprensión espiritual. Las enseñanzas, de mil doscientos años de antigüedad, describen los sueños lúcidos como «el método que hace realidad una gran felicidad» y aconsejan a los practicantes que «entiendan los sueños como sueños y mediten constantemente acerca de su significado más profundo».[5]

Los pueblos amerindios, los aborígenes australianos y los monjes cristianos también han otorgado mucho valor a la capacidad de controlar los sueños lúcidos, que consideran un aspecto vital de su camino espiritual. Cuando acceden a ese estado, pueden conectar con los antepasados, con seres espirituales o con lo divino.

En un experimento interesante, se pidió a soñadores lúcidos que formularan una frase que luego pronunciarían durante un sueño lúcido para buscar lo divino, como «Me gustaría ver cómo funciona el universo» o «Deseo experimentar lo divino». Repitieron la frase durante todo un día antes del sueño lúcido. Esto facilitó sueños lúcidos en los que algunos de los participantes reportaron haber experimentado lo divino. Además, lo interesante fue que lo divino que experimentaron en sueños se correspondía con sus creencias en la vida real. Quienes creían en un ser divino tendieron a soñar con ese ser divino, mientras que el resto de los participantes experimentaron la presencia divina de otras maneras. Uno de ellos dijo que había visto lo divino como «una película con múltiples ciclos entretejidos, como los mecanismos de un reloj. También era como patrones de luz pulsada y de sombras que se movían en ciclos».

Aunque no siempre suscitan experiencias profundamente conmovedoras, los experimentos de este tipo pueden producir una sensación profunda y duradera de bienestar. Más que espiritualidad, los estudios concluyen que una abrumadora mayoría de las personas que tienen sueños lúcidos creen que la capacidad de soñar lúcidamente las hace más fuertes, y que se despiertan de mejor humor después de un sueño lúcido. También dicen que estos sueños reforzaron su salud mental y las han ayudado a hacer cambios beneficiosos en sus vidas. Les atribuyen la inspiración para atreverse a hacer esos cambios.

Dado lo que refieren las personas que tienen sueños lúcidos, ¿sería posible usarlos como una herramienta terapéutica? ¿Podríamos utilizar la capacidad de dirigir parcialmente los sueños para alterar su campo emocional? ¿Sería posible reescribir las pesadillas no mediante la autosugestión, sino dirigiendo el propio sueño?

En la terapia de ensayo en imaginación, las personas que sufren pesadillas recurrentes reescriben las pesadillas durante el día para cambiar tanto el argumento como el papel que desempeñan en ellas cuando las sueñan. Del mismo modo, si fuera posible estar lúcido durante una pesadilla, ¿podríamos cambiar el argumento y romper su hechizo sobre la marcha? Eso es exactamente lo que Alan Worsley dice que aprendió a hacer cuando tenía solo cinco años. Cuando tenía una pesadilla, se volvía lúcido y gritaba «¡Mamá!» para despertarse. Hay terapeutas que enseñan a soñar lúcidamente a personas que sufren pesadillas crónicas y refieren que las ayuda. Quizás el beneficio vaya más allá de las pesadillas y alcance también a la ansiedad y a la depresión que las acompañan.

La investigadora alemana Ursula Voss ha concluido que enseñar a soñar lúcidamente a personas con TEPT alivia de varias maneras los síntomas que sufren.[6] Tal y como hemos visto, una de las características del TEPT es la aparición de pesadillas recurrentes que revisitan una y otra vez el acontecimiento traumático, lo que tiene el efecto secundario de que las personas que sufren este trastorno acaban temiendo conciliar el sueño. Ayudarlas a usar los sueños lúcidos para controlar los pensamientos que surgen cuando están dormidas les permite modificar o poner fin a la pesadilla recurrente mientras esta sucede. En lugar de seguir soñándose como víctimas, llaman a la policía o desarman a su atacante. Voss narra la historia de una mujer que decidió soñar que la persona que la había traumatizado flotaba, para demostrarse a sí misma que no era real. La capacidad de soñar lúcidamente dota a las personas con TEPT de la confianza necesaria para dejar de temer al sueño y las ayuda a ser más optimistas respecto a la posibilidad de superar el trauma en el futuro.

Los sueños lúcidos también podrían tener aplicaciones clínicas. Hay investigadores que han reportado, por ejemplo, que los sueños lúcidos podrían ayudar a las personas con ansiedad a superar miedos o fobias como conducir, las alturas o las arañas.[7] Podrían «practicar» conducir, estar en una plataforma elevada o dejar que arañas amistosas les pasaran por encima en un entorno seguro, sabiendo que solo están soñando.

Como las regiones cerebrales que se activan cuando soñamos son las mismas que se activarían si realmente estuviéramos llevando a cabo la conducta, es posible que los sueños lúcidos pudieran ayudar a las personas que han sufrido un derrame cerebral o lesiones graves. ¿Podrían abrir una vía nueva e indolora para la rehabilitación? Abrir y cerrar los puños en un sueño lúcido produce la misma activación en la corteza sensoriomotora que si los abriéramos y cerráramos cuando estamos despiertos. Si nos quisiéramos recuperar de una lesión deportiva, ¿sería útil entrenar en un sueño lúcido?

Las personas que sufren alguna parálisis o cualquier otro tipo de discapacidad también se podrían beneficiar de la posibilidad de moverse con libertad y a voluntad, aunque solo fuera en sueños. ¡Cuán liberador sería para alguien cuya movilidad es inexistente o está muy limitada poder controlar sus sueños y correr o saltar! Del mismo modo, se podrían usar los sueños lúcidos para ayudar a personas en estado semicomatoso o con síndrome del cautiverio a moverse más allá de sí mismas.

El potencial de los sueños lúcidos no se limita al ámbito terapéutico: también se podrían usar para mejorar el desempeño. Muchos deportistas utilizan la visualización cuando están despiertos y apelan a la imaginación para simular distintos escenarios. Los sueños lúcidos podrían ser otra forma de neurosimulación y los deportistas los podrían emplear para practicar aspectos potencialmente peligrosos de su disciplina deportiva, como, por ejemplo, algunos movimientos difíciles o complejos de gimnasia artística.

Estudios con atletas que habían practicado habilidades específicas en sueños lúcidos concluyeron que la mayoría de ellos creían que los habían ayudado a mejorar de manera significativa su desempeño en la vida real y algunos dijeron que los habían ayudado a sentirse más seguros de sí mismos.[8] Un artista marcial reportó que un sueño lúcido lo había ayudado a perfeccionar una combinación de patadas compleja. Además, los sueños lúcidos le permitían entrenar sin arriesgarse a sufrir una lesión. Otros deportistas que participaron en el mismo estudio refirieron que aprovechaban el entorno de los sueños para hacer cosas que no podrían hacer en la vida real, como descensos imposibles en bicicleta de montaña o saltos de esquí alpino inalcanzables.

Melanie Schädlich, de la Universidad de Heidelberg (Alemania), decidió comprobar si entrenar en sueños lúcidos podía mejorar el desempeño físico.[9] Pidió a soñadores lúcidos que, en sueños, «lanzaran» dardos o «metieran» monedas en vasos cada vez más lejanos. Descubrió que, en efecto, entrenar durante sueños lúcidos mejoraba el desempeño. Los que habían practicado en sueños mejoraron en la vida real, siempre que durante el sueño lúcido no se hubieran distraído. Aunque se trató de un estudio relativamente pequeño, los sueños lúcidos podrían ser la próxima frontera para el entrenamiento deportivo. Los deportistas no solo podrían practicar habilidades complicadas sin miedo a hacerse daño, sino que, además, en caso de lesión podrían «entrenar» antes de poder reanudar de verdad su disciplina deportiva.

Schädlich y Daniel Erlacher llevaron a cabo otro estudio, esta vez en busca de músicos que también tuvieran sueños lúcidos con frecuencia.[10] Sin embargo, en este caso descubrieron que estos artistas no usaban los sueños para ensayar, sino que preferían aprovecharlos para disfrutar tocando e inspirarse, más que para mejorar sus habilidades. Entrevistaron a cinco músicos y concluyeron que los sueños lúcidos les producían emociones positivas y aumentaban la seguridad que tenían en sí mismos. Dos de ellos dijeron que sobre todo disfrutaban cuando improvisaban solos en sus sueños lúcidos.

Debido a la posibilidad de control que proporciona este tipo de sueños, este estado de conciencia único también ofrece posibilidades enormes para promover la creatividad, más allá incluso de las que pueden obtenerse en los sueños normales. Si quieres aprovechar al máximo el potencial creativo de los sueños lúcidos, te puedes formular a ti mismo una pregunta antes de acostarte, como si incubaras un sueño normal, con la diferencia de que, ahora, quizás puedas toma el timón. Los sueños lúcidos ofrecen la ventaja añadida de que son más fáciles de recordar que los sueños típicos. En un estudio de caso, un programador informático refirió que usaba los sueños lúcidos para que lo ayudaran a diseñar programas. Al parecer, en uno de sus sueños lúcidos le explicó a Albert Einstein lo que intentaba hacer y, juntos, dibujaron diagramas de flujo en una pizarra hasta que hallaron la solución.[11]

Con ese estudio de caso como trampolín, un equipo de investigación de la Universidad John Moores de Liverpool decidió comparar el desempeño de nueve personas que tenían sueños lúcidos con el de nueve personas que no los tenían y a las que se presentó una tarea que debían resolver en sueños.[12] Durante diez días consecutivos, recibieron a las nueve de la noche un correo electrónico que les planteaba la tarea. O bien tenían que resolver un problema lógico o bien debían crear una metáfora. Por ejemplo, quizás les pedían que hallaran la letra que faltaba en una secuencia o que crearan una metáfora para frases como «un billete de banco flotando en el río» o «un faro en el desierto».

Se animó a los soñadores lúcidos a que creyeran que encontrarían en sueños a alguien que «conoce las respuestas a muchas preguntas y está dispuesto a ayudarte», quizás un anciano sabio o un guía de confianza. Les pidieron que encontraran a esa persona. Si no la veían, tenían que seguir recto, girar a la izquierda, hallar una puerta, cruzarla y girar a la derecha. El propósito de estas instrucciones tan elaboradas era generar en los soñadores lúcidos la expectativa de que sí darían con su guía. Una vez que lo encontraran, tenían que pedir a ese personaje de sus sueños que les resolviera el problema que se les había dado. Respondiera como respondiera, le tenían que dar las gracias, despertarse y escribir la respuesta en el papel.

Una vez recogidos los resultados, se hizo evidente que a los guías oníricos no se les daba muy bien eso de resolver rompecabezas. De las nueve respuestas que dieron durante el estudio, solo una era correcta. Como la activación de la red ejecutiva durante los sueños lúcidos solo es parcial, es posible que los enigmas fueran demasiado difíciles para los soñadores lúcidos, con o sin ayuda de guías.

Quizás a los guías imaginarios les hubiera ido mejor si el reto creativo hubiera sido visual en lugar de lingüístico. Por ejemplo, Worsley, el participante en el estudio de Hearne, llevó a cabo experimentos que, por lo general, requerían manipular el entorno visual del sueño de maneras nuevas y complejas. En uno, tenía que encontrar una televisión en su sueño lúcido, encenderla, cambiar de canal y manipular cosas como el volumen, la intensidad del color o la imagen que aparecía en la pantalla. Worsley dice que, durante sus sueños lúcidos, también ha tocado el piano, atravesado paredes, creado una llama chasqueando los dedos como si fueran un encendedor y roto el parabrisas de un coche con el brazo. Incluso ha pasado un antebrazo a través del otro y ha estirado partes del cuerpo, como la nariz o la lengua, jalándolas suavemente.

El artista británico Dave Green tiene sueños lúcidos durante los que retrata a personas y luego recrea los retratos en cuanto se despierta. Si bien es un soñador lúcido experto, Green afirma que crear arte en sueños tiene sus dificultades: en el sueño, todo está en un estado de flujo y se puede transformar en otra cosa en cualquier momento. Describe el proceso como «una interacción entre la mente consciente y la inconsciente que se plasma sobre el papel en directo».[13]

Worsley también ha dicho que el estado lúcido es muy tenue, incluso para las personas expertas en estar lúcidas mientras sueñan. Explica que el nivel de lucidez puede cambiar de un momento a otro. Por lo tanto, y al menos para Worsley, un mismo sueño de solo unos minutos de duración puede ser lúcido y no lúcido dependiendo del momento.

Los nuevos horizontes de los sueños lúcidos

Más allá de las señales oculares que indican el comienzo de un sueño lúcido, los investigadores no cuentan con ningún otro signo objetivo de lo que sucede durante los sueños de este tipo. Tampoco hay manera de indicar cuándo terminan. Parece que los sueños lúcidos deben su fragilidad a la naturaleza híbrida y delicada de este estado de conciencia único.

A pesar de los límites que imponen las cualidades efímeras de los sueños lúcidos, los investigadores han encontrado maneras nuevas e ingeniosas de llevar los sueños lúcidos más allá de lo que nadie había creído posible. Han podido entrenar a los participantes en sus estudios, con frecuencia estudiantes sin experiencia previa con sueños lúcidos, para que, mientras duermen, respondan a luces intermitentes con los movimientos oculares izquierda-derecha-izquierda-derecha (I-D-I-D). Algunos de los participantes pueden incluso usar los movimientos oculares como una «marca temporal» cuando comienzan o terminan tareas organizadas con anterioridad. Eso ya es extraordinario en sí mismo.

Lo que ya resulta verdaderamente asombroso es que ahora investigadores y participantes en el estudio pueden establecer comunicaciones bidireccionales en las que los primeros hacen preguntas y los segundos responden mientras sueñan. Hace solo unos años se pensaba que esto era imposible. Estas personas pueden procesar palabras o señales del mundo real mientras siguen, sin lugar a duda, en el sueño REM.

Con el cuerpo paralizado por el sueño REM, han llegado a responder a preguntas de sí o no formuladas en voz alta por los investigadores. En un estudio, el soñador lúcido respondió con movimientos oculares a la pregunta: «¿Hablas español?». Luego reportó que había soñado que estaba en una fiesta y que la pregunta había sonado en el exterior, como la voz de un narrador en una película.

Aunque aún no se sabe cómo es esto posible, la literatura científica recoge informes que pueden aportar cierta base neurobiológica. En un estudio de caso, una mujer de veintiséis años y un hombre de treinta y siete habían sufrido un derrame en el tálamo. Tras el derrame, ambos empezaron a tener sueños lúcidos frecuentes. Los tuvieron durante aproximadamente un mes y luego fueron desapareciendo poco a poco, quizás a medida que el cerebro se recuperaba. ¿Es posible que los sueños lúcidos de estos pacientes se debieran a una falla en el mecanismo de activación integrado del cerebro?

Recuerda que, cuando dormimos, no desconectamos por completo del mundo que nos rodea. Lo que sucede es que un proceso denominado *filtro talámico* permite que el cuerpo escanee los sonidos en busca de algo alarmante o inusual que indique peligro. Cuando se interpreta como una señal de peligro algún ruido, o cualquier otra información sensorial, el tálamo transmite la información a los lóbulos frontales y despierta a la persona que duerme.

Quizás suceda algo parecido en el tálamo de las personas sanas que tienen sueños lúcidos con frecuencia. Tal vez, sí que ven y oyen las luces, sonidos y voces que normalmente se filtran durante el sueño, aunque las integren en el contexto de lo que estén soñando. Es posible que esto explique por qué las personas que tienen sueños lúcidos pueden oír las preguntas de los investigadores como si sonaran a través de paredes o de otras formas poco realistas.

En un experimento del Programa de Neurociencia Cognitiva de la Universidad Northwestern, la doctoranda Karen Konkoly consiguió que soñadores lúcidos hicieran algo espectacular: resolver problemas matemáticos sencillos mientras dormían.[14] Se les explicó con antelación que resolverían problemas matemáticos en sueños y se les enseñó cómo indicar las respuestas. Mover los ojos a izquierda-derecha una vez equivalía al número uno. Hacerlo dos veces equivalía al número dos, etcétera.

A una soñadora lúcida se le dijo «2 + 1». La mujer explicó que, en ese momento, en su sueño estaba mirando una casa. Integró la pregunta en el número de la puerta e indicó el número tres moviendo los ojos a izquierda y derecha tres veces.

Como los sueños no siguen la misma lógica que nuestra vida despiertos, los soñadores lúcidos tampoco cuestionan de dónde viene la voz que les formula la pregunta. Tal vez les parezca que viene del techo o de la radio del coche. Uno de los participantes del estudio soñó, pertinentemente, que estaba en una clase de matemáticas.

Sea como sea, la comunicación bidireccional entre investigadores y soñadores lúcidos dista mucho de ser perfecta. El equipo de Konkoly solo recibió seis respuestas correctas a los treinta y un problemas de matemáticas que presentó. También recibieron una respuesta incorrecta y cinco respuestas ambiguas. En la mayoría de las ocasiones, el soñador lúcido no respondió nada. De todos modos, se trata de un nivel de comunicación que ni siquiera se creía posible hasta hace poco.

Es posible que te estés preguntando cómo pudieron los soñadores lúcidos resolver siquiera un solo problema matemático en el experimento. Como recordarás, la mente que sueña no puede hacer cálculos numéricos. Que los participantes de este estudio pudieran resolver problemas matemáticos durante el sueño lúcido es un indicador potente de que, durante este, la red ejecutiva está lo bastante activada para permitir operaciones aritméticas sencillas. Quizás permita también la autoconciencia y el pensamiento crítico justos para que la persona que sueña sea consciente de estar soñando. Estas conclusiones son asombrosas y tal vez apunten a una sola conclusión posible: los sueños lúcidos representan una forma de cognición específica, un verdadero híbrido de la mente despierta y la mente dormida.

Si durante los sueños lúcidos se pueden resolver correctamente operaciones matemáticas, ¿qué más se puede hacer? ¿Alguna vez podremos oír lo que dicen las personas en sus sueños lúcidos? Por imposible que parezca, puede que sea algo que se acabe haciendo realidad.

Un equipo de investigación decidió ver si soñadores lúcidos podían decir «Te quiero» en un sueño lúcido de tal modo que se pudiera medir objetivamente.[15] Según la investigación anterior, se trataba de una tarea imposible. Incluso si alguien pudiera enunciar esas palabras en un sueño lúcido, ¿cómo podría la persona enviar una señal distinta a I-D-I-D para indicar que había completado la tarea? ¿Cómo se pueden medir las palabras?

En su intento de descifrar qué sucedía cuando los soñadores lúcidos dormían, los investigadores grabaron primero las microexpresiones faciales alrededor de los ojos que aparecían cuando cada uno de los participantes decía «Te quiero» mientras estaba despierto. Son de los pocos músculos que no quedan paralizados mientras soñamos. Estos registros llevados a cabo cuando los participantes del estudio estaban despiertos eran una especie de firma fisiológica. Hecho esto, los investigadores grabaron los movimientos musculares alrededor de los ojos de los soñadores lúcidos mientras dormían. Los cuatro voluntarios pudieron decir «Te quiero» durante sus sueños lúcidos y las palabras que pronunciaron en el mundo onírico quedaron registradas en los diminutos movimientos faciales alrededor de los ojos.

Este experimento demostró que los sueños lúcidos no se limitan a responder a las preguntas de los investigadores, sino que, potencialmente, los soñadores podían iniciar su propia comunicación. Por primera vez se comunicaban desde el mundo onírico al mundo despierto usando el lenguaje oral, quizás abriendo así nuevos horizontes a la neurociencia.

La comunidad científica ha avanzado mucho en muy poco tiempo en su comprensión de los sueños lúcidos. Los mismos investigadores que durante tanto tiempo los desdeñaron como un ámbito reservado a místicos y charlatanes ahora los consideran una forma de conciencia novedosa de alto valor que merece ser investigada seriamente. A medida que el escepticismo ha dado paso a la expectación, experimentos ingeniosos encuentran cada vez más maneras de interactuar con la mente que sueña y, de paso, revelan aspectos nuevos de los sueños y del soñar. Es más, los sueños lúcidos no son un fenómeno reservado a los laboratorios del sueño. Están al alcance de todos nosotros.

7
Cómo inducir sueños lúcidos

Léon d'Hervey de Saint-Denys comenzó a registrar sus sueños lúcidos cuando tenía trece años y lo siguió haciendo hasta llenar veintidós volúmenes con elaborados informes de sueños que abarcaban un total de 1946 noches. Al principio, recordaba sueños esporádicamente. Sin embargo, cuanto más escribía acerca de ellos, más fácil le resultaba recordarlos. Llegada la 179.ª noche, recordaba los sueños casi a diario. Poco después de eso, tuvo su primer sueño lúcido.

En aquella época (mediados del siglo XIX) no se creía que soñar lúcidamente fuera posible. De hecho, hubo que esperar otro medio siglo para que apareciera el término *sueño lúcido*. Sin embargo, seis meses después de iniciar su diario de sueños, Saint-Denys tenía sueños lúcidos dos de cada cinco noches. Un año después, soñaba lúcidamente tres de cada cuatro noches.

Además de convertirse en un soñador lúcido frecuente, Saint-Denys aprendió a controlar sus sueños lúcidos y aprovechó sus experiencias para poner a prueba su teoría de que los sueños no eran el producto de fuerzas sobrenaturales o externas, sino de los recuerdos de la persona que sueña. Detenía sus sueños lúcidos para estudiar el entorno de estos y luego lo comparaba con su vida cotidiana. También quería averiguar si le sería posible hacer algo en un sueño lúcido que no hubiera hecho nunca en la vida real, así que saltó desde una ventana, usó una espada mágica para defenderse de atacantes enmascarados y se cortó la garganta con una navaja.

En 1867, Saint-Denys decidió divulgar anónimamente lo que había aprendido gracias a su intenso estudio del sueño y de los sueños y escribió una guía para soñar lúcidamente: *Los sueños y cómo dirigirlos. Observaciones prácticas.*

Hace un siglo, la británica Mary Arnold-Forster decidió seguir los pasos de Saint-Denys. En su libro *Studies in Dreams*, describe cómo usaba la autosugestión para suscitar sueños lúcidos. Se volvió una experta en soñar lúcidamente y sobre todo disfrutaba cuando volaba, para lo que se empujaba levemente con los pies.

Solo uno de cada cinco adultos dice tener ni siquiera un sueño lúcido al mes y solo una pequeña proporción de personas los tienen con frecuencia y los experimentan varias veces a la semana de forma espontánea; es probable que no lleguen ni al 10%. Sin embargo, parece que se puede aprender a soñar lúcidamente, lo que lo convertiría en una capacidad cognitiva que se puede entrenar, aprender y poner en práctica de manera intencional.

También parece que el estilo de vida y las aficiones pueden influir en la frecuencia con la que tenemos sueños lúcidos de forma natural. Por ejemplo, las personas que juegan a videojuegos suelen tenerlos más que las que no juegan. Quizás sea porque controlan una realidad virtual tanto en los sueños lúcidos como en los videojuegos. Es posible que quienes suelen jugar a videojuegos desarrollen una mayor conciencia espacial, lo que podría ayudar a producir sueños lúcidos. Un estudio llevado a cabo en Alemania sobre deportistas profesionales concluyó que la probabilidad de que estos tuvieran sueños lúcidos duplicaba a la de la población general.[1] Lo que aún resulta más asombroso es que, en la mayoría de los casos, no se esforzaban en tenerlos. Soñaban lúcidamente sin más.

En mi consultorio, he visto que administrar fármacos concretos a pacientes con deterioro cognitivo, lesiones cerebrales o en la fase de recuperación después de una intervención quirúrgica en el cerebro ha llevado a que se reporte un aumento de la frecuencia tanto de los sueños en general como de los sueños lúcidos en particular, sobre todo cuando se trata de fármacos moduladores de la acetilcolina, un neurotransmisor. Hablaremos de la neuroquímica más adelante, pero antes veamos cómo inducir sueños lúcidos sin necesidad de fármacos.

Cómo saber si se está teniendo un sueño lúcido

Al igual que Saint-Denys, los investigadores que quieren estudiar los sueños lúcidos han dedicado una gran cantidad de tiempo a determinar cómo aumentar la probabilidad de que los participantes en los estudios tengan un sueño lúcido cualquier noche. Les interesa mucho conseguirlo, ya que cada noche que una persona que participa en la investigación duerme en el laboratorio y no tiene un sueño lúcido supone una pérdida de tiempo y de recursos. Motivados por ese incentivo, han ideado cómo inducir sueños lúcidos con varios métodos que no requieren más que la mente y, quizás, un despertador.

Las técnicas se centran en dos de los aspectos esenciales de este peculiar estado híbrido. El primero es que el durmiente debe estar en la fase REM, porque es en la que acostumbran a ocurrir los sueños lúcidos. Varias de las técnicas para inducir este tipo de sueños intentan aumentar las probabilidades de que la fase REM ocurra tan cerca del momento de despertar como sea posible. El segundo elemento esencial del entrenamiento de sueños lúcidos es lograr la conciencia de que se está teniendo un sueño.

Veamos algunos de los métodos que usan los investigadores para inducir sueños lúcidos. El más sencillo se llama *Prueba de realidad* y se basa en el aspecto fundamental de los sueños lúcidos: la capacidad de discernir la diferencia entre el sueño y la vigilia. La conciencia de estar soñando activa la lucidez. Por ejemplo, las personas que tienen sueños lúcidos explican que sabían que era un sueño porque vieron a un familiar fallecido desde hacía tiempo o porque estaban en una casa que ya no existe o en una escena imposible por cualquier otro motivo.

La técnica de la prueba de realidad intenta aumentar la conciencia del estado de sueño y vigilia haciendo que, a lo largo del día, nos preguntemos: «¿Estoy despierto o estoy soñando?».

Sin embargo, si nos preguntamos si estamos soñando y parece que la respuesta es que sí, ¿cómo lo podemos saber con certeza? Quizás solo estemos soñando que soñamos. O puede que nos hayamos despertado y estemos en ese nebuloso estado mental entre el sueño y la vigilia. En la película *Origen*, los protagonistas usan unos objetos a los que llaman tótems para diferenciar entre la realidad y los sueños. Aunque, en nuestra realidad, no tenemos tótems como los de la película, los soñadores lúcidos han ideado los suyos propios para que los ayuden a determinar si están soñando o no. Resulta que el modo en que recreamos la realidad en sueños tiene fallas comunes y reveladoras.

Si crees que estás en un sueño lúcido, fíjate en las manos. Por algún motivo, las manos tienen un aspecto raro en los sueños. Cuenta los dedos: quizás sobren o falten, o tal vez tengas más o menos dependiendo del momento. Los soñadores lúcidos explican que cuentan y vuelven a contar los dedos de las manos y que, cada vez, les salen números distintos, o los dedos tienen aspecto de goma, o carecen de falanges, o les crecen dedos de los dedos. Soñadores lúcidos de todo el mundo y de distintas culturas han reportado este peculiar fenómeno.

¿Podría ser que las manos exijan demasiada capacidad de procesamiento? Al fin y al cabo, son un ejemplo de anatomía exquisitamente compleja. Los dedos se mueven de forma independiente y permiten agarrar objetos de maneras muy concretas. Además, las manos son simétricas entre ellas. Esta simetría derecha-izquierda es muy habitual en la naturaleza, pero reproducir visualmente dos manos con precisión no es nada fácil (pregunta, si no, a cualquiera que haya asistido a clases de dibujo).

Los sueños intentan reproducir la realidad a partir de los recuerdos, sin la ayuda que supone tener delante el objeto que queremos copiar. Los sueños son una simulación. Y, como son tan realistas, olvidamos que se asemejan a efectos especiales increíbles que nosotros mismos generamos en los centros audiovisuales del cerebro. Las manos son el ejemplo más claro, pero no son lo único que nos cuesta recrear en sueños.

Los sueños reproducen imperfectamente la realidad de otras maneras que nos advierten de que estamos en un sueño lúcido. Los expertos en sueños lúcidos sugieren que apretemos o empujemos un objeto sólido, para ver si el dedo lo atraviesa o que nos miremos en un espejo para ver si el reflejo parece normal.

Los relojes también nos dan pistas, porque en sueños no acaban de quedar bien. Si son digitales, quizás no tengan números o estos sean difíciles de leer, o puede que cambien de maneras raras. Si son analógicos, las manecillas se mueven de una forma extraña.

Sueños lúcidos inducidos desde la vigilia

Otra de las técnicas para inducir sueños lúcidos recibe el nombre de *sueños lúcidos inducidos desde la vigilia* y se conoce como WILD (por sus siglas en inglés: *Wake-Initiated Lucid Dreaming*). El objetivo de esta técnica, que quizás sea la más difícil de dominar, es pasar directamente del estado de vigilia al sueño lúcido. Los investigadores sugieren usarla cuando nos disponemos a tomar una siesta, nos acostamos por la noche o nos volvemos a dormir después de habernos despertado.

La técnica WILD consiste en recostarse y relajarse, quedarse quieto y respirar profunda y lentamente hasta entrar en el estado hipnagógico. Tal y como hemos visto en el capítulo sobre los sueños y la creatividad, es el estado de divagación mental en el que entramos justo antes de conciliar el sueño de verdad. Una vez en el estado hipnagógico, se debe intentar mantener la mente despierta a medida que el cuerpo se duerme. Para ello, podemos probar la incubación verbal y repetir frases como «Tendré un sueño lúcido» o «Estaré lúcido».

Otra manera aparentemente efectiva de aplicar la técnica WILD consiste en contar hasta dormirse: «Uno, estoy soñando. Dos, estoy soñando», etc. Quienes la proponen dicen que también nos podemos centrar en inhalar y exhalar lentamente, en la imaginería de la alucinación o en las sensaciones corporales que surgen a medida que nos vamos durmiendo, pasando la atención de una parte del cuerpo a otra de forma sistemática.

Hace siglos que la práctica tibetana del yoga *nidra* usa el método WILD. Quienes lo practican se recuestan en *Shavasana*, la postura del cadáver, y desplazan la atención a lo largo del cuerpo y van relajando cada parte. Visualizan la respiración mientras concilian el sueño, con la intención de mantener la conciencia mental y alcanzar la lucidez. Una vez en ese estado lúcido, la meditación prosigue con el objetivo de experimentar lo divino.

La técnica WILD es, básicamente, lo contrario al típico sueño lúcido espontáneo. En los sueños lúcidos espontáneos, nos damos cuenta de que estamos soñando cuando ya estamos soñando. En otras palabras, primero soñamos y, luego, nos volvemos lúcidos. Con WILD, intentamos mantener la lucidez durante el tránsito al sueño.

Un experimento concluyó que esta técnica funcionaba especialmente bien con las siestas si la persona se despertaba dos horas antes de lo normal y luego tomaba una siesta de dos horas, bien a la hora en la que se solía despertar cuando tomaba normalmente la siesta, bien dos horas después. Ambos momentos de siesta eran efectivos y suscitaban sueños lúcidos.

Esta y otras técnicas de inducción de sueños lúcidos se basan en el ciclo de sueño normal, que dura noventa minutos, con el objetivo de interrumpirlo justo antes de la fase REM. El periodo REM es más corto al principio de la noche, cuando dura unos diez minutos, y se va alargando a medida que pasa el tiempo, hasta alcanzar aproximadamente una hora de duración en la última fase REM antes de despertar. Esta es la ventana de oportunidad más amplia.

Como recordarás del capítulo 1, las personas privadas de sueño REM pasan inmediatamente a esta fase cuando vuelven a conciliar el sueño. Por lo tanto, parece lógico que la técnica WILD funcione: se espera hasta casi el final de toda una noche de sueño y se despierta al durmiente justo antes de la última fase de sueño REM, que también es la más larga de toda la noche. Obviar de forma deliberada la fase REM más prolongada de la noche hace que la mente quiera pasar directamente a esa fase en la siesta siguiente. Se trata de un fenómeno conocido como *rebote REM*. Como los sueños lúcidos acostumbran a aparecer durante la fase REM, esta estrategia aumenta la probabilidad de éxito del método WILD.

Usar el poder de la sugestión para tener sueños lúcidos

La inducción mnemónica de sueños lúcidos (MILD, por sus siglas en inglés: *Mnemonic Induction of Lucid Dreams*) es una tercera técnica de inducción de sueños lúcidos desarrollada por los científicos. Combina la interrupción del sueño con la intención declarada de tener un sueño lúcido. Con MILD, nos despertamos tras cinco horas de sueño y, antes de volver a dormir, nos repetimos: «La próxima vez que sueñe, sabré que estoy soñando» o alguna otra frase que deje claras nuestras intenciones. También nos podemos visualizar en un sueño lúcido.

El mejor predictor del éxito de la técnica MILD para inducir sueños lúcidos es lo rápidamente que se vuelve a conciliar el sueño tras completar la técnica mnemónica. En un estudio, casi la mitad de los participantes tuvieron sueños lúcidos si volvían a estar dormidos en un máximo de cinco minutos. Aunque no se sabe por qué sucede, parece probable que estas personas pasen directamente a un sueño REM.

Si te cuesta creer que el mero hecho de afirmar las intenciones influya en los sueños, recuerda que quien sueña eres tú. ¿Por qué no habrías de poder influir en tus propios sueños? Es como incubar sueños acerca de un problema, persona o tema concreto afirmando en voz alta la intención de hacerlo o escribiéndolo antes de acostarte.

Antes de acostarse, el artista británico Dave Green, a quien ya hemos mencionado antes, lleva a cabo elaborados rituales para incubar sueños lúcidos durante los que pinta. Medita unos veinte o treinta minutos antes de acostarse o pasea por la habitación mientras ensaya las acciones que quiere llevar a cabo durante el sueño lúcido. En un video donde describe la técnica, Green afirma que deja lápiz y papel en la mesita de noche y escribe cuál es su objetivo para el sueño lúcido que quiere tener. Dice que estos rituales lo ayudan a centrarse en lo que quiere hacer en sueños.

«Despierta y vuelve a dormir» (WBTB, por sus siglas en inglés: *Wake Back to Bed*) es una técnica que con frecuencia se combina con la de inducción mnemónica. Consiste en acostarse, despertarse al cabo de cinco horas, permanecer despierto entre media hora y hora y media y volver a conciliar el sueño. El sueño interrumpido aumenta las probabilidades de reanudar el sueño directamente en la fase REM del ciclo.

Sueños lúcidos inducidos por los sentidos:
una técnica muy misteriosa

Es posible que el sueño lúcido inducido por los sentidos (SSILD, por sus siglas en inglés: *Senses Initiated Lucid Dream*) sea la primera técnica para inducir sueños lúcidos desarrollada de forma colaborativa en internet. Un *blogger* que se hace llamar Cosmic Iron y que aparece como Gary Zhang en la literatura científica, la presentó en un foro chino sobre sueños lúcidos.[2] Inicialmente, bautizó la técnica como 太玄功, que se traduce literalmente como «una técnica muy misteriosa». Luego la llamó «sueño lúcido inducido por los sentidos», para que siguiera la misma nomenclatura que otros métodos para inducir sueños lúcidos. La segunda ese del acrónimo inglés (*Senses Initiated Lucid Dream*) es deliberada. El objetivo de Zhang era que la técnica fuera, en sus propias palabras, «a prueba de tontos» y no exigiera ni visualizaciones ni creatividad de ningún tipo.

El método funciona de la siguiente manera. Primero, debemos programar la alarma para que suene al cabo de cuatro o cinco horas. Cuando suene, nos debemos levantar de la cama durante unos cinco a diez minutos. Durante ese tiempo, podemos aprovechar para ir al baño o dar unos pasos, pero sin hacer nada que nos despierte demasiado. Tras volver a la cama, nos acostamos en una posición cómoda y hacemos un repaso de todos los sentidos. Primero nos centramos en la vista, focalizándonos en la oscuridad detrás de los párpados cerrados. Luego pasamos al oído, aunque probablemente no haya mucho que oír. Quienes usan esta técnica con éxito explican que no intentan oír ni escuchar nada de forma activa, sino que escuchan casi como en una meditación. Para terminar, nos centramos en el tacto. ¿Qué notamos al estar recostados en la cama?

El cuerpo sobre el colchón. La sábana o la manta cubriéndonos. Somos observadores pasivos de lo que sentimos. Al parecer, una de las claves de esta técnica reside en no esforzarse demasiado.

Repite el ciclo rápidamente tres o cuatro veces, como calentamiento, y luego hazlo tres o cuatro veces, pero esta vez poco a poco. No tengas prisa, dedica al menos treinta segundos a cada fase. Cuando la mente empiece a divagar, no reprimas los pensamientos. Si te distraes, vuelve al comienzo del ciclo. Cuando hayas terminado, vuelve a la postura en la que dormir te resulte más cómodo y concilia el sueño tan rápidamente como te sea posible.

Varios estudios han comparado la efectividad de este método y la de otras técnicas más consolidadas, y el SSILD ha obtenido resultados más que meritorios. De hecho, los investigadores han concluido que es tan efectivo como el resto de las técnicas para inducir sueños lúcidos desarrolladas en laboratorios. En un estudio, durante la primera semana de probar el SSILD, uno de cada seis participantes pudo experimentar un sueño lúcido, lo que se consideró un resultado muy prometedor. Un hecho interesante es que esta técnica tiende a producir despertares falsos, lo que significa que el soñador cree·que está despierto, pero sigue soñando.

¿Por qué funciona el SSILD? ¿Por qué centrar la atención en la vista, el oído y el tacto puede suscitar sueños lúcidos? Como ocurre con tantas otras cosas relacionadas con los sueños lúcidos, la respuesta no está clara. Quizás, pasar por los sentidos aumente la actividad de la red ejecutiva mientras conciliamos el sueño. Tal y como hemos visto, la red ejecutiva está más activa durante los sueños lúcidos que durante los sueños normales, cuando acostumbra a estar desactivada. Aumentar la actividad de la red ejecutiva podría generar la conciencia necesaria para producir un sueño lúcido.

Otra explicación posible es que prestar atención a imágenes, sonidos y sensaciones físicas podría ser una especie de prueba de realidad que alerte a los durmientes de que han entrado en un sueño.

Técnica de inducción combinada

En un artículo publicado en la revista *Consciousness and Cognition*, un equipo de investigación alemán liderado por Kristoffer Appel consiguió que personas que no solían tener sueños lúcidos los tuvieran tras solo dos noches.[3] Y no se trató de sueños lúcidos autoinformados, sino que se verificaron con la señal I-D-I-D. Se trata de un índice de éxito fenomenal si tenemos en cuenta que hablamos de sueños lúcidos verificados por el propio soñador mientras sueña.

El estudio consistió en lo siguiente. Cuando los participantes llevaban dormidos entre cinco horas y media y seis horas y estaban en los primeros quince minutos de un periodo de sueño REM, los investigadores los despertaban. El objetivo era aumentar tanto las probabilidades de que recordaran el sueño que estaban teniendo como las de que reanudaran el sueño REM cuando volvieran a conciliar el sueño.

Los participantes permanecían en la cama despiertos durante una hora y escribían en un diario el sueño que estuvieran teniendo cuando los habían despertado. Luego se les pedía que se levantaran, se sentaran en un sofá y añadieran al registro los «indicadores de sueños», los elementos del sueño que hubieran sido improbables o imposibles en la vida real.

A continuación, clasificaban los indicadores. ¿Era porque la acción era improbable o imposible? ¿Por la forma? ¿Por el contexto? Esta tarea duraba entre treinta y cuarenta y cinco minutos. La idea era que conectaran con los elementos que indicarían que se trataba de un sueño y activaran la conciencia que da lugar al sueño lúcido. Por supuesto, el objetivo último era que esta atención a la comparación entre la realidad y el sueño prosiguiera la próxima vez que conciliaran el sueño.

Antes de que volvieran a la cama, se les pedía que recordaran el sueño anterior y que, cada vez que se toparan con alguno de los indicadores que habían identificado, imaginaran que se daban cuenta de que estaban soñando. Para terminar, se les pedía que ensayaran mentalmente repetir: «En el próximo sueño que tenga, me acordaré de darme cuenta de que estoy soñando». Los participantes volvieron a la cama y las luces se apagaron sesenta minutos después de que los hubieran despertado. Siguieron repitiendo la frase hasta que se durmieron.

La primera noche del estudio, cinco de los veinte participantes experimentaron un sueño lúcido que confirmaron con la señal I-D-I-D. La noche siguiente, cinco de los otros quince participantes también tuvieron un sueño lúcido. Recuerda que eran novatos. Aunque se trata de una técnica elaborada, se puede replicar casi completamente en casa.

¿Tiene que ser tan elaborado el proceso para inducir sueños lúcidos? Saint-Denys no tuvo que pasar por este complejo proceso paso a paso para conseguir soñar lúcidamente la mayoría de las noches. Sin embargo, si nos fijamos en sus métodos, vemos que comparten muchos de los elementos que se usan con las personas que participan en los experimentos. Escribía lo que soñaba. Reflexionaba acerca de qué partes de los sueños eran realistas y qué otras solo podían ser fruto de un sueño. Así, su cerebro se acostumbró a identificar indicadores de sueños que suscitaran la conciencia de que estaba soñando.

Sea como sea, aún desconocemos el proceso por el que la mente reporta al cerebro que está soñando una vez que ha detectado algún indicador. Lo que Saint-Denys escribió hace ya casi doscientos años sigue siendo verdad: «Aún sabemos demasiado poco acerca de los misteriosos vínculos que unen la mente a lo físico».

Aproximadamente una tercera parte de las personas que tienen sueños lúcidos pueden controlarlos, y las que se convierten en verdaderas expertas aprenden a controlar de forma rutinaria lo que hacen cuando sueñan lúcidamente. Volar, hablar con otros personajes del sueño y mantener relaciones sexuales son las tres acciones más populares entre estos campeones de los sueños lúcidos. Otras acciones planeadas populares son reunirse con personas concretas, practicar deportes o cambiar la escena o el paisaje. Un soñador lúcido que controla la acción es productor, director y protagonista de la película.

Fármacos y drogas que ayudan a inducir sueños lúcidos

Además de las distintas técnicas para inducir sueños lúcidos, ¿hay fármacos y otras sustancias que aumenten la probabilidad de soñar lúcidamente? Aunque drogas como los hongos alucinógenos, la ayahuasca o el LSD producen experiencias oníricas y surrealistas, no se trata de sueños propiamente dichos. Lo puedo afirmar con total seguridad, porque estas experiencias ponen en marcha una red cerebral distinta. La red imaginativa se activa menos durante las experiencias psicodélicas en comparación con cuando soñamos. Esto no significa que no sean experiencias creativas y profundas, sino que se solapan más con estados disociativos, cuando se tiene la sensación de que se flota fuera del cuerpo. Las drogas psicodélicas pueden generar lo que se conoce como *disolución del ego*. Cuando alcanzan su máxima potencia, pueden ayudar a pacientes de cáncer a afrontar el diagnóstico y también tienen aplicaciones en el ámbito de la salud mental, pero esta experiencia no se puede confundir con la de soñar.

Aun así, hay un fármaco que ha demostrado científicamente su capacidad para aumentar la frecuencia de los sueños lúcidos: la galantamina, que incrementa en el cerebro el nivel de acetilcolina, que es un neurotransmisor esencial para la memoria y el pensamiento. La galantamina aumenta la capacidad para pensar y ralentiza la pérdida de función cognitiva en las personas con demencia.

También afecta a los sueños, porque reduce el tiempo entre la conciliación del sueño y el primer periodo de la fase REM (latencia del sueño REM). Además, aumenta la densidad del sueño REM, o la intensidad de los movimientos oculares durante este. A mayor densidad del sueño REM, más intensos son los sueños. Por lo tanto, la galantamina también se asocia a sueños más extraños.

Para comprobar si este fármaco facilita la inducción de sueños lúcidos, Stephen LaBerge, del Lucidity Institute de Hawái, llevó a cabo un estudio doble ciego en el que comparó tres dosis distintas de galantamina y un placebo.[4] Ni los investigadores ni los participantes sabían quién tomaba la galantamina o en qué dosis y quién una píldora sin principio activo. Durante tres noches consecutivas, se despertó a los participantes en el estudio tras cuatro horas y media de sueño, se les administró una píldora y se les pidió que salieran de la cama durante media hora. Luego se volvían a acostar y aplicaban la técnica de inducción mnemónica de sueños lúcidos (MILD) para volver a conciliar el sueño.

Los resultados fueron extraordinarios. La dosis de cuatro miligramos de galantamina fue el doble de eficaz que el placebo, mientras que la dosis de ocho miligramos obtuvo resultados tres veces mejores. Casi la mitad de los participantes a quienes se administró la dosis más elevada pudieron soñar lúcidamente. Cuando una dosis más elevada produce resultados más significativos, decimos que se trata de una respuesta dosis dependiente, lo que es una evidencia sólida de causalidad. Y, tuvieran o no sueños lúcidos los participantes, la galantamina aumentó el recuerdo, la intensidad y la complejidad de los sueños, así como las emociones positivas asociadas a ellos.

Dicho esto, el efecto de la galantamina fue más pronunciado cuando los sueños eran lúcidos. Aunque no sabemos con exactitud por qué la galantamina promueve los sueños lúcidos, es posible que el incremento del nivel de acetilcolina en el cerebro intensifique la activación de la parte de la red ejecutiva que se reactiva durante los sueños lúcidos.

Hace generaciones que las culturas indígenas usan suplementos y minerales para intensificar los sueños. En México y en Centroamérica usan tradicionalmente *Calea zacatechichi* para tratar distintas afecciones, desde problemas de estómago a diabetes y enfermedades de la piel, pero también en rituales de sueños. En Oaxaca (México), los chamanes chontales que desean recibir mensajes divinos fuman hojas secas de esta hierba para facilitar los «viajes» en sueños, y asumen los posibles efectos secundarios, como pérdida del equilibrio, náuseas y vómitos. En África, los adivinos xhosas buscan raíces medicinales llamadas *ubulawu* para inducir sueños vívidos o lúcidos. Una de estas plantas, *Silene capensis*, tiene una fragante flor blanca que se abre al atardecer en primavera y otoño y que se usa para inducir sueños potentes, con la esperanza de que estos contengan mensajes de los antepasados.

Tecnología para soñar lúcidamente

Ahora se promocionan diademas, máscaras y relojes inteligentes especiales para facilitar la inducción de sueños lúcidos. Ya se venden más de media docena de estos dispositivos de uso doméstico, que funcionan identificando cuándo el durmiente entra en el sueño REM. Algunos lo hacen de forma directa, buscando los movimientos oculares, mientras que otros usan la frecuencia cardiaca y los datos del acelerómetro para inferir el sueño REM. Como durante esta fase del sueño estamos paralizados, el acelerómetro muestra ausencia de movimiento. Y, como percibimos las actividades que llevamos a cabo en sueños como si fueran reales, la frecuencia cardiaca aumenta. Combinar estas dos fuentes de información permite identificar cuándo alguien está en la fase REM.

Una vez que han identificado que hemos entrado en ella, estos dispositivos intentan producir señales sutiles, indicadores de sueños, que nos adviertan que estamos soñando. Se valen de señales hápticas, como vibraciones o señales auditivas o visuales, como luces intermitentes. Uno de estos dispositivos reproduce una grabación de la propia voz diciendo: «Estoy soñando». Si las señales funcionan, las vibraciones, sonidos o luces pueden superar el filtro talámico del cerebro (que impide el paso a la mayoría de las señales externas durante el sueño), normalmente sin despertarnos. Las señales sirven como signos que activan la lucidez y que se pueden integrar sin dificultad en el sueño durante la transición al mundo del sueño lúcido.

Antes de que estos dispositivos se pudieran adquirir de forma generalizada, se habían probado dispositivos similares en laboratorios del sueño. En un experimento para ver cuán eficaces serían las señales lumínicas a la hora de inducir sueños lúcidos, se usaron en noches alternas sin que los participantes lo supieran, para evitar la posibilidad de un efecto placebo. Dos terceras partes de los sueños lúcidos que se reportaron sucedieron en las noches con las señales lumínicas.[5]

Sin embargo, para que las señales funcionen, es útil que la persona se prepare mentalmente para ellas por adelantado. En los laboratorios, se muestra la señal a los participantes del estudio antes de que concilien el sueño. Puede ser una luz intermitente suave o unas notas de violín. Se les pide que, cuando detecten la señal, hagan una comprobación de realidad («¿Estoy despierto o estoy soñando?») y que sean conscientes y críticos y determinen si lo que están viviendo se diferencia o no de la experiencia normal durante la vigilia.

Por lo general, la activación durante el sueño se origina en el tronco del encéfalo. Cuando dormimos, el tálamo alerta a la red ejecutiva cuando detecta la necesidad de que nos despertemos. Es este triaje abajo-arriba precisamente lo que circunvalan los dispositivos que envían señales para alertarnos de que estamos en el sueño REM. La señal puede superar el filtro talámico sin despertarnos.

¿Y si le pudiéramos dar la vuelta al mecanismo de activación del cuerpo? ¿Y si, en lugar de ir abajo-arriba, pudiéramos ir arriba-abajo?

Hay equipos de investigación que intentan hacer precisamente esto usando técnicas de estimulación no invasivas. La estimulación transcraneal, de la que ya hemos hablado antes (véase página 167), ha demostrado su capacidad para aumentar la conciencia de uno mismo durante los sueños, aunque, de momento, hay muy pocas pruebas de que pueda producir sueños lúcidos. Parece razonable pensar que, cuando los investigadores entiendan la neurofisiología de los sueños lúcidos, podrán sintonizar la frecuencia correcta en las ubicaciones precisas del cerebro para inducirlos.

La falta de resultados hasta la fecha no ha detenido la búsqueda de un método no invasivo de inducir sueños lúcidos de forma fiable. Investigadores de todo el mundo compiten para encontrarla. Sérgio A. Mota-Rolim, de la Universidad Federal de Rio Grande do Norte (Brasil), y sus colegas afirman que es muy posible que haya más de un punto de entrada a los sueños lúcidos y que cada una de las puertas conduzca a una experiencia distinta: control en primera persona, imaginería personal en tercera persona o nitidez visual aumentada.[6] En el momento de escribir el libro, aún no se ha hallado la escurridiza llave, o llaves, con la que abrir la puerta.

En general, los sueños lúcidos se viven como una experiencia positiva que ofrece oportunidades únicas para la creatividad, la resolución de problemas e incluso la práctica de habilidades para lograr mejoras en la vida real. Quienes tienen sueños lúcidos afirman que la experiencia mejora su estado de ánimo durante el día y que, al despertar, se sienten revitalizados. Sin embargo, es importante recordar que la mayoría de las técnicas para inducir sueños lúcidos incluyen despertares forzosos y la interrupción del sueño. Por definición, inducir sueños lúcidos con técnicas como «despierta y vuelve a dormir» u otras similares fragmenta el sueño y acaba interfiriendo en su arquitectura. También puede reducir la cantidad total de sueño si el soñador lúcido no tiene cuidado. Al mismo tiempo, los sueños lúcidos nos pueden transportar a un estado de conciencia verdaderamente único, a una intersección surrealista entre los sueños y la conciencia.

8
El futuro de los sueños

Durante las últimas dos décadas, el investigador japonés Yuki-yasu Kamitani se ha ido acercando cada vez más a poder descodificar los sueños y transformarlos en videos.[1] A partir de un algoritmo informático que puede descodificar datos de escáneres cerebrales para ver si alguien vio un patrón de líneas verticales, horizontales, inclinadas hacia la derecha o hacia la izquierda, Kamitani y su equipo nos pueden decir con toda seguridad qué estábamos soñando justo antes de despertarnos. ¿Era una persona? ¿Un árbol? ¿Un animal? Su sofisticado algoritmo informático nos lo puede decir.

No ha sido tarea fácil. Kamitani y su equipo de la Universidad de Kioto recrean imágenes visuales a partir solo del flujo sanguíneo y de la actividad eléctrica en el cerebro en un momento dado captando la actividad cerebral representada en vóxeles, o píxeles tridimensionales, y procesándolos con una red neuronal profunda, un tipo de aprendizaje automático capaz de ejecutar tareas computacionales de una complejidad extraordinaria. La red neuronal profunda permite un procesamiento cada vez más eficiente de toda esta información a medida que la computadora halla patrones entre la colosal cantidad de datos. A continuación, una computadora con una capacidad de procesamiento elevada usa un algoritmo de reconstrucción para volver a recomponer la información.

Para reunir la gran cantidad de datos sobre sueños de que dispone, Kamitani introduce a los participantes en su estudio en máquinas de RMf que captan en directo la actividad metabólica cerebral mientras un EEG registra la actividad eléctrica del cerebro. Entonces se despierta a los participantes en repetidas ocasiones, justo cuando están conciliando el sueño, ese estado hipnagógico de gran riqueza visual durante el que la mente empieza a divagar sin restricciones. Cada vez que se despierta al sujeto de investigación, un técnico de laboratorio le pregunta si vio algo justo antes de despertar. El participante responde, por ejemplo, que vio un avión, una chica o una caja negra. Las imágenes se cotejan con la actividad cerebral registrada durante ese preciso momento y se pide al participante que se vuelva a dormir. Si el proceso se repite las veces suficientes, los algoritmos de aprendizaje automático empiezan a detectar correlaciones entre lo que sucede en el cerebro y las imágenes de las que informan los participantes del estudio.

Investigadores de todo el mundo han aprovechado las enormes ventajas que ofrece la inteligencia artificial y se han sumado a este esfuerzo para traducir la actividad cerebral en imágenes visuales. Como resultado, la descodificación de las señales neuronales es cada vez más precisa. Es muy posible que, en algún momento de la próxima década, podamos registrar la actividad cerebral de alguien mientras sueña y traducirla en una reproducción visual de un sueño.

Por ejemplo, durante la última década, Jack Gallant y otros investigadores del laboratorio de neurociencia cognitiva de la

Universidad de California en Berkeley han podido descodificar la actividad cerebral de personas que miraban fragmentos de películas.[2] Solo a partir de la información obtenida con técnicas de diagnóstico por imagen, son capaces de identificar con un nivel de precisión asombroso qué está mirando el participante. La actividad cerebral de una persona que participaba en el estudio que observaba un fragmento de la película *Guerra de novias* se etiquetó correctamente como una mujer hablando.

Sin embargo, Gallant no analiza mapas tridimensionales del cerebro, sino que los aplana y obtiene algo semejante a un mapa simétrico de Australia. Identifica cien mil puntos en la corteza cerebral plasmada en el mapa y busca relaciones entre lo que el cerebro hace y lo que la persona está mirando. En concreto, se centra en la corteza visual, que aparece representada muy cerca del centro del mapa cerebral aplanado. La actividad cerebral superior a la normal aparece en rojo. La inferior a la normal, en azul.

El laboratorio de Gallant ha empezado a descodificar la mente escuchando historias o leyendo las transcripciones de estas historias. A partir de datos obtenidos con RMf, él y su equipo han confeccionado un mapa funcional que correlaciona los conceptos de las historias con una actividad cerebral concreta. Sin embargo, no es algo tan sencillo como ir clavando alfileres en un mapa, porque cada concepto activa docenas de regiones cerebrales. A pesar de la dificultad, los investigadores de su laboratorio ahora pueden discernir, solo a partir de la actividad cerebral, si alguien está leyendo o escuchando algo sobre el tiempo, un lugar, una persona, una parte del cuerpo o una relación familiar; si se trata de una historia táctil o violenta y si se centra en información visual como el color.

Lo más fascinante de estos mapas tan elaborados es que reflejan el mismo tipo de conexiones semánticas que sigue la mente cuando sueña.[3] Cuando pensamos en un objeto, como un automóvil, quizás pensemos en el que tenemos ahora, en lo que sabemos sobre la historia del automovilismo o en cómo se conducen los automóviles. Puede que pensemos en el automóvil en el que aprendimos a conducir, o en otros modos de transporte, o en los viajes por carretera que hicimos con nuestros padres durante la infancia. En función de lo que pensemos, se activará una región cerebral distinta relacionada con la memoria procedimental, la memoria episódica, la memoria semántica y la memoria afectiva.

De todos modos, aún nos queda mucho por descubrir antes de que podamos descifrar los sueños con precisión. Una de las dificultades a que nos enfrentamos es que todos los cerebros son algo distintos. Lo veo una vez y otra en el quirófano. Las estructuras finas del cerebro están siempre en la misma zona, pero también siempre hay ligeras variaciones. Para descodificar o diseñar la actividad cerebral, necesitaríamos contar con algún método estándar que permitiera comparar el cerebro de cada persona con un mapa general.

Otra de las dificultades a las que nos enfrentamos tiene que ver con la propia tecnología. Como las máquinas de RMf captan las imágenes con más lentitud que, por ejemplo, los veinticuatro fotogramas por segundo de las películas, las imágenes descodificadas carecen de continuidad. No me cabe duda de que esto cambiará con el tiempo, pero de momento la mayoría de las máquinas de RMf solo recogen 2.5 imágenes por segundo.

También carecen de la resolución necesaria. La RM típica que se usa en clínica es de un tesla, una medida de potencia magnética. Los investigadores de Berkeley usan una con tres teslas de potencia. Sin embargo, incluso una RM de tres teslas solo puede medir tejido cerebral con una precisión de hasta un cubo de dos milímetros, que es la base de los datos que se usan en el laboratorio de Gallant. Por desgracia, se trata de un área imprecisa cuando lo que se necesita es analizar la función cerebral. Es como tener una vista de satélite de una zona entera en lugar de una calle concreta. La próxima generación de máquinas de RM debería poder escanear hasta un cubo de 0.4 milímetros, o cuatrocientas micras, lo que permitiría obtener mapas cerebrales mucho más precisos.

Cuando podamos descifrar los sueños a partir de la actividad cerebral, la siguiente pregunta que deberemos hacernos será: ¿llegará el día en que podamos hacer lo contrario? ¿Podremos diseñar sueños a partir de nada? ¿Podremos elegir qué soñamos de la misma manera que elegimos películas en las plataformas de *streaming*? Es posible que ahora parezca una idea de ciencia ficción, pero puede que algún día, quizás antes de lo que esperamos, se convierta en una realidad.

Diseñar los sueños

En la primera mitad del siglo XX, la mayoría de la gente decía que soñaba en blanco y negro. Era el mismo periodo en el que los periódicos, las fotografías, la televisión y la mayoría de las películas de cine eran también en blanco y negro. Se creía que los sueños en color eran la excepción y se los llamaba *sueños en tecnicolor*, por el proceso que dio color a las películas a partir de la década de 1930.

La situación cambió drásticamente en la década de 1960, cuando la mayoría de las personas empezaron a reportar que soñaban en color. ¿El catalizador? Una década antes, se había producido un cambio fundamental en los medios de comunicación, que pasaron a ser en color, dejando atrás el blanco y negro. Salieron a la venta los primeros televisores de color. Las revistas también dieron el paso del blanco y negro al color y las películas se empezaron a rodar en color. Parece que el cambio en los autoinformes sobre los sueños fue un efecto secundario de la transformación de la cultura popular a lo largo del siglo pasado.

¿Y si nos propusiéramos cambiar el aspecto de los sueños? ¿Podríamos diseñar su contenido? Los investigadores han intentado manipular el aspecto de los sueños, aunque con escaso éxito, como hemos visto cuando hemos hablado de los experimentos donde los participantes llevaban lentes de colores o jugaban a videojuegos inmersivos. El escenario del sueño cambiaba, pero no del todo y no de maneras predecibles. Parece que, cuando sueña, la mente es demasiado libre para poder domarla de ese modo.

Así pues, modificar el «video» de los sueños es difícil, pero ¿qué hay del «audio»? ¿Es posible manipular lo que alguien oye en sueños? Parece que el idioma que oímos durante el día puede influir en los sueños. En estudios con participantes bilingües, el idioma de las entrevistas previas a conciliar el sueño influyó en el idioma en el que los participantes soñaban luego. Del mismo modo, un equipo de investigación concluyó que algunos participantes canadienses anglófonos que asistieron a un curso intensivo de francés empezaron a soñar en francés. Al igual que los aspectos visuales del sueño, estos estudios demuestran que lo que podemos oír durante el día influye en lo que soñamos. De todos modos, aún se está explorando cómo manipular de manera predecible los sueños con señales auditivas mientras dormimos.

Sorprendentemente, no son las imágenes ni los sonidos, sino los olores los que quizás ofrezcan a corto plazo el mayor potencial para diseñar en cierta medida los sueños.

Usar los sentidos para influir en el contenido de los sueños

Tal y como hemos visto, cuando soñamos nos desconectamos del mundo exterior, pero no del todo. El del olfato es el menos regulado de los sentidos y parece que podría ser una puerta a los pensamientos y a los sueños. El sentido del olfato está directamente conectado con las regiones cerebrales asociadas a la memoria y las emociones, el hipocampo y la amígdala.

El olfato tiene otra característica que lo hace ideal para diseñar sueños: supera el filtro talámico que bloquea la mayoría de las señales sensoriales mientras dormimos. Es posible que esto haya ofrecido ventajas evolutivas. Oler fuego o el aroma de un animal salvaje mientras dormimos podría haber salvado vidas en la época prehistórica.

Gracias a que el filtro talámico deja pasar los estímulos olfativos, hay aromas que pueden afectar a los sueños sin despertar al soñador y sin que este lo sepa. El olor a huevos podridos puede hacer que los sueños se vuelvan negativos. El aroma a rosas aumenta la probabilidad de tener sueños agradables. Por supuesto, hay límites. Si el aroma es demasiado potente, levantará el velo del sueño y despertará a la persona que duerme.

Los aromas también se pueden usar para facilitar el aprendizaje mientras dormimos. Al parecer, si olemos a pino mientras estudiamos un idioma nuevo y luego tenemos un dispositivo que libera ese mismo aroma mientras dormimos, el recuerdo se consolida y el aprendizaje se asienta. En un estudio de Laura Shanahan llevado a cabo en la Universidad Northwestern, los participantes debían recordar la ubicación de fotografías de distintas categorías en una tabla.[4] Las imágenes mostraban animales, edificios, rostros y herramientas; cada categoría llevaba un aroma asociado. Por ejemplo, el aroma a cedro correspondía a fotografías de animales, mientras que el olor a rosas acompañaba a las imágenes de edificios. Durante el sueño, solo se exponía a los participantes a algunos de los aromas en cuestión. Cuando, al despertar, hacían la prueba de memoria, recordaban mejor las imágenes reactivadas por los aromas a los que se les había expuesto mientras dormían, aunque no tenían ni idea de por qué.

En algunos estudios, los investigadores han descubierto que se podría usar la exposición a aromas concretos mientras la persona duerme y sueña para combatir la adicción. En un estudio, cuando se expuso a los durmientes al aroma combinado de cigarros y huevos podridos, el consumo de cigarros se redujo en un 30 % durante la semana siguiente.[5] Esta manipulación olfativa también funciona a la inversa. Si se expone a fumadores al aroma de tabaco mientras duermen, fumarán más al día siguiente. Lo que resulta aún más interesante es que la capacidad del olfato para influir en la conducta se limita al sueño. Exponer a olor a cigarros y a huevos podridos a los participantes despiertos no produjo efecto alguno.

Dado que ahora los relojes inteligentes pueden detectar en qué fase del sueño nos encontramos, puedo imaginar sincronizarlos con dispositivos que emitan aromas que faciliten el aprendizaje o promuevan objetivos terapéuticos. La tecnología parece sencilla. Incluso se podrían usar los olores para manipular el contenido de los sueños, algo que ya se probó de forma pionera en Francia hace ya más de un siglo.

Léon d'Hervey de Saint-Denys, a quien hemos conocido en el capítulo anterior, quería saber si podría activar recuerdos concretos en los sueños valiéndose de aromas. Para poner a prueba su hipótesis, el parisino del siglo XIX compraba un perfume distinto en cada viaje que hacía. Impregnaba de perfume un pañuelo y cada día que pasaba en un lugar concreto olía el pañuelo. Al volver a casa, esperaba unos meses y, entonces, pedía a un criado que dejara caer un par o tres de gotas del perfume en cuestión sobre la almohada. Como resultado, soñaba con el lugar en el que había estado cuando olió el perfume por primera vez. A continuación, dio un paso más y le pidió a su criado que pusiera gotas de dos perfumes distintos en la almohada. Sorprendentemente, describió sueños en los que combinaba elementos de ambos viajes.

Tras este experimento informal, Saint-Denys reportó que podía decidir qué soñar. Los recuerdos que había conectado a aromas concretos durante el día se reactivaban por la noche cuando se exponía a la misma señal olfativa. Su estrategia para dirigir los sueños en una dirección concreta era más científica que los diversos tipos de incubación de sueños que se practican desde hace miles de años, pero no era muy distinta.

Los aromas no son la única manera en que se ha intentado promover el proceso de aprendizaje. Se ha usado música de la misma manera y con el mismo propósito. En un estudio, los participantes intentaban resolver un problema mientras oían el mismo tema musical repetido una y otra vez. Los que fueron expuestos a la misma melodía a bajo volumen mientras dormían hallaron la solución en sueños con mayor frecuencia que los que no.

Las señales táctiles también pueden modificar el contenido de los sueños. Tocarle la pierna a alguien que está soñando para provocar un movimiento de rodilla reflejo puede inducir sueños de caída. Si se sumerge en agua la mano de la persona en pleno sueño, aumenta la probabilidad de que integre el agua en la narrativa onírica. De hecho, si la salpican con agua, esta aparecerá en los sueños en la mitad de las ocasiones. Por ejemplo, el participante soñará que está nadando o que llueve.

Hay otras maneras de dirigir el contenido de los sueños, aunque no las recomiendo. La privación de agua aumenta de forma significativa la probabilidad de soñar con agua o con que se tiene sed. Ver una película estresante justo antes de acostarse incrementa la probabilidad de tener un sueño negativo en lugar de positivo. Por supuesto, es probable que lo contrario también sea cierto. Como ya hemos visto, los rituales calmantes antes de acostarse reducen la probabilidad de tener pesadillas.

El insidioso futuro de la publicidad en sueños

La publicidad que vemos durante el día es un intento explícito de influir en lo que pensamos. Ahora los publicistas están empezando a apuntar a lo que soñamos. Lo que hace que la publicidad orientada a los sueños sea potencialmente mucho más perniciosa que aquella a la que nos vemos expuestos durante el día es que sucede más allá de nuestra conciencia. Tal y como hemos visto, el cerebro racional se desconecta cuando soñamos, por lo que somos menos escépticos y más vulnerables ante mensajes dirigidos. Un estudio ya ha concluido que soñar acerca de un anuncio aumenta la probabilidad de adquirir el producto anunciado.[6]

Incluso con los límites actuales del diseño de sueños, hay empresas que ya están trabajando en la incubación de sueños dirigidos. Al parecer, consideran que los sueños son el último gran territorio sin explorar para vender sus productos.

En 2021, Molson Coors Beverage Company intentó usar la incubación de sueños dirigidos para infiltrarse en el mundo onírico de los consumidores antes del Super Bowl, el campeonato de futbol americano. No se podían anunciar durante el partido de la gran final, porque la liga tenía un contrato en exclusiva con otra marca. Entonces, a un vicepresidente de *marketing* se le ocurrió una idea: si la empresa no podía emitir anuncios durante el partido, ¿podría emitirlos durante los sueños de los espectadores?

Molson Coors consultó a Deirdre Barrett, la psicóloga del sueño de Harvard. Los ejecutivos de la empresa querían saber si podían crear un anuncio capaz de infiltrarse en los sueños. El objetivo era plantar con firmeza el sueño en el subconsciente de los espectadores para que lo reprodujeran en sueños. Barrett les dijo que se podía influir en el contenido de los sueños de la gente, pero solo si esta cooperaba.

Con ayuda de Barrett, Molson Coors produjo un anuncio surrealista y de gran intensidad visual que duraba noventa segundos y al que llamaron «El anuncio del partido de tus sueños». También lanzaron una banda sonora de ocho horas de duración como parte de la campaña. En la película, mientras suena la música onírica, un avatar translúcido vuela entre montañas y sobre un río, mientas aparecen *flashes* de los productos de la empresa intercalados con imágenes de la naturaleza, di-

bujos animados y formas y patrones hipnóticos. El video satu-
rado de color se mueve rápidamente de un lugar a otro y cambia de imágenes surrealistas a formas y objetos abstractos,
como en un sueño.

Se hicieron pruebas en un laboratorio de sueño, donde se
mostró el anuncio a las personas que participaron en el experimento varias veces al día. Luego se les decía que se autosuges-
tionaran y se dijeran que querían soñar con el video cuando
empezaran a conciliar el sueño. Cuando los despertaron durante la fase REM del sueño, los participantes dijeron que habían
estado soñando con cascadas o que caminaban sobre la nieve,
imágenes que aparecían en el video. Una de las participantes,
con la voz aún soñolienta porque la acababan de despertar,
dijo que la montaña de su sueño tenía algo que ver con la
cerveza Coors. De hecho, cinco de los dieciocho participantes
reportaron que en sus sueños habían integrado algún elemento
del anuncio.

Molson Coors colgó el anuncio en internet e invitó a los consumidores a mirarlo y a participar en lo que bautizaron como
«posiblemente, el mayor experimento sobre los sueños de la historia». Les sugirieron que miraran el anuncio varias veces antes
de acostarse y que reprodujeran la banda sonora mientras dormían, y les ofrecieron descuentos para animarlos a publicar sus
informes de sueño en las redes sociales usando una etiqueta y
etiquetando a Coors Light y a Coors Light Seltzer. La empresa
afirmó que la campaña fue un gran éxito y que el anuncio se re-
produjo 1400 millones de veces, lo que supuso un aumento del
3000% en participación en redes sociales y, lo más importante
para la empresa, un aumento del 8% en ventas.

Los sueños, antaño un territorio sagrado y sacrosanto de
la persona que sueña, son ahora un objetivo comercial, y

Molson Coors no es la única empresa interesada en explorarlos. En un estudio sobre el futuro del marketing que la Asociación Estadounidense de *Marketing* llevó a cabo en 2021, el 77 % de cuatrocientas empresas dijeron que tenían previsto empezar a experimentar con la publicidad en sueños antes de 2025. Parece que se ha desencadenado una fiebre del oro para manipular el fértil terreno que son nuestros sueños.

Burger King intentó conquistar nuestros sueños por otra vía. Como promoción de Halloween, presentaron la hamburguesa Nightmare King, con el lema: «La hamburguesa de tus... pesadillas». Se trataba de una hamburguesa de ternera, pollo crujiente, tocino, queso y un pan verde intenso. Además del enorme contenido calórico, lo único realmente particular de la hamburguesa era el pan verde pistache. Sin embargo, la empresa afirmó que, de algún modo, la Nightmare King era efectiva como inductora de pesadillas.

Para demostrarlo, Burger King se asoció con un laboratorio diagnóstico y del sueño que siguió los sueños de cien participantes durante diez noches. Según una nota de prensa de Burger King, la Nightmare King triplicó con creces la incidencia de las pesadillas. Por supuesto, la mera sugerencia de que comer algo concreto aumenta la probabilidad de tener pesadillas puede ser, en potencia, suficiente para causar más pesadillas.

Lo interesante es que la Nightmare King de Burger King era una hamburguesa con queso y, durante mucho tiempo, se ha creído (erróneamente) que el queso provoca pesadillas. En *Cuento de Navidad*, de Charles Dickens, Ebenezer Scrooge atribuye al principio la aparición del fantasma de Jacob Marley, su antiguo socio, a «un trozo de queso». Aunque no hay pruebas de que el queso pueda provocar o provoque pesadillas, creerlo basta para mantener vivo el mito. Esta consecuencia negativa autocumplida se asemeja al efecto nocebo, que es lo contrario del efecto placebo. Si creemos que un medicamento nos provocará unos efectos secundarios concretos, la probabilidad de que los suframos es mayor.

Es muy probable que estos esfuerzos incipientes para que soñemos con cerveza o hamburguesas no sean más que el principio. Cada vez está más cerca el tiempo en que los publicistas apunten regularmente a nuestros sueños en el intento de influir en nuestra conducta durante el día aprovechando la noche, cuando nuestras defensas están desactivadas, e infecten así algo tan vital para nuestro bienestar. Es posible que el sagrado refugio que nos ofrecen los sueños se vea sometido a un asedio en un futuro próximo.

Esta posibilidad preocupa mucho a la comunidad científica. En una carta abierta escrita como respuesta a la campaña de Molson Coors, treinta y ocho investigadores de todo el mundo mostraron su repulsa ante la posibilidad de que los sueños se convirtieran en otro escenario para los publicistas corporativos y pidieron que se promulgaran leyes que les impidieran apuntar a los consumidores mientras duermen. Ante la campaña de Molson Coors, se preguntaban: «¿Cómo es posible que nos hayamos acostumbrado a las invasiones de nuestra intimidad y a las prácticas económicas explotadoras hasta tal punto que somos capaces de aceptar doce latas de cerveza a cambio de que una cervecera infiltre publicidad en nuestros sueños?».

La tecnología y los sueños

Hemos aprendido que se pueden usar luces intermitentes, vibraciones, calentar y enfriar el aire alrededor de la piel de la persona que sueña y emitir señales auditivas para activar recuerdos específicos. Uno de los primeros experimentos al respecto concluyó que emitir señales verbales relacionadas con líquidos durante la fase del sueño en que se sueña aumentaba la probabilidad de tener sueños relacionados con ello y que, luego, afectaban a la conducta de la persona una vez despierta.

También se han usado señales verbales para influir en las preferencias de marca de los participantes en estudios sobre los sueños. En un estudio de los investigadores chinos Sizhi Ai y Yunlu Yin, los participantes oyeron repetidamente el nombre de una de dos marcas mientras dormían y, cuando despertaron, era más probable que eligieran la marca cuyo nombre habían oído mientras dormían. Sizhi Ai concluyó que el «procesamiento neurocognitivo durante el sueño influye en las preferencias subjetivas de un modo flexible y selectivo».[7] Se expuso a un grupo de control al mismo mensaje repetitivo mientras los participantes estaban despiertos, pero el efecto fue nulo. No se sabe cómo sucede, pero las ondas cerebrales de los participantes que dormían cambiaban en respuesta a la influencia.

Teniendo en cuenta este estudio y otros similares, ¿cabe la posibilidad de que un altavoz o reloj inteligentes o algún otro dispositivo externo o aplicación nos pueda hacer sugerencias de compra mientras dormimos? Parece ser que sí. Los altavoces inteligentes ya se han infiltrado en el dormitorio y los relojes inteligentes y otros dispositivos controlan nuestros ciclos de sueño. Estos dispositivos usan el movimiento, la frecuencia cardiaca y otras señales para identificar con precisión en qué fase del sueño estamos en cada momento. El Apple Watch registra incluso el sueño REM.

Dada nuestra vulnerabilidad a las señales auditivas mientras dormimos, ¿incluirá el acuerdo de licencia de usuario final de los altavoces o relojes inteligentes del futuro el derecho de la empresa a enviarnos mensajes de audio mientras dormimos? ¿Tendremos que pagar más si queremos sueños sin publicidad? Y, si las empresas pueden usar dispositivos para infiltrarse en nuestros sueños, ¿qué puede impedir que los gobiernos inunden la mente durmiente de sus ciudadanos con propaganda y otros métodos de control mental? Estas especulaciones tan tenebrosas evocan distopías de ciencia ficción como *1984*, de George Orwell, o *Blade Runner: ¿Sueñan los androides con ovejas eléctricas?* de Philip K. Dick.

Es posible que el futuro se caracterice por una interacción máquina-mente más directa. Ahora, a las personas con epilepsia se les puede implantar en el cerebro un dispositivo que registra las ondas cerebrales en busca de la firma de señales única que caracteriza a las crisis y que, luego, se altera usando corrientes contrarias. Se trata de un circuito cerrado en el que la mente y la máquina operan de manera fluida y autónoma. ¿Podremos acceder a intervenciones para implantar dispositivos que nos permitan modular los sueños a demanda? Parece muy radical, pero ¿y si así pudiéramos romper el hechizo de las pesadillas? ¿Compensaría eso el someterse a una intervención electiva? ¿Y si pudiéramos inducir sueños eróticos cada vez que quisiéramos?

En la película *Origen*, se infiltran ideas en los sueños de las personas. En la vida real, los científicos ya pueden usar implantes para activar recuerdos concretos. Podrían ser recuerdos personales, pero también recuerdos relativos a un producto concreto. También hay ya en el mercado una generación de dispositivos de interfaz cerebro-usuario no invasivos. ¿Qué impide a estas empresas añadir un elemento de *marketing* a sus productos de consumo o hacer un mal uso de los datos neuronales que recogen?

Este tema ha llamado la atención de la Organización de las Naciones Unidas para la Educación, la Ciencia y la Cultura (Unesco). En julio de 2023, la organización reunió a neurocientíficos, expertos en ética y representantes de gobiernos para hablar de la posibilidad de legislar para proteger los derechos neuronales. Un informe de la Unesco publicado al mismo tiempo afirmó que las neurotecnologías podrían acabar teniendo la capacidad de acceder a la mente, modificar la personalidad y la conducta individuales y alterar el recuerdo de hechos pasados: «Esto supone una amenaza para derechos fundamentales como la intimidad, la libertad de pensamiento, el libre albedrío y la dignidad humana».[8]

Otras organizaciones ya han empezado a trabajar para proteger a la población del posible mal uso de la neurotecnología. La Neurorights Foundation, fundada en 2017, exige a los gobiernos que legislen para garantizar la privacidad de los datos recogidos por dispositivos neurotecnológicos, como relojes inteligentes, auriculares de botón o auriculares de diadema, con el objetivo de limitar el uso comercial de esos datos y de proteger a las personas de la manipulación externa. Esto incluye el intento de manipular los sueños. Rafael Yuste, un neurocientífico de la Universidad de Columbia que cofundó la fundación, dijo que las empresas de este sector en rápida expansión han adoptado una actitud depredadora respecto a los datos sobre el cerebro. De hecho, la Neurorights Foundation ha identificado a dieciocho empresas de neurotecnología que exigían a los usuarios de dispositivos de consumo que renunciaran a la propiedad de sus propios datos neuronales.

Los gobiernos también están comenzando a prestar atención. En 2021, Chile se convirtió en el primer país en modificar su Constitución para proteger la actividad y la información cerebrales. Otros países están valorando aprobar leyes en este sentido, pero a no ser que se haga un esfuerzo verdaderamente global, será muy difícil proteger a las personas del posible abuso de la neurotecnología. Tal y como Yuste explica en una entrevista, «No hablamos de ciencia ficción. Si no actuamos ya, será demasiado tarde».[9]

En tanto que individuos, podemos tomar medidas para proteger la integridad de nuestros sueños. Podemos dormir en un entorno sin potenciales emisores de mensajes, ya se trate de teléfonos inteligentes, de altavoces inteligentes o de otros dispositivos, y deberíamos evitar toda tecnología con acuerdos de usuario que cedan a las empresas el control de nuestra información neuronal. Los sueños nos ofrecen información valiosa y revelan mucho acerca de nuestro estado emocional. Creo que es crucial que los protejamos de los intereses comerciales.

9
Interpretar los sueños

El proceso de investigación y de escritura de este libro me ha llevado a ver de otra manera los sueños y la neurociencia. Practicar la medicina y la cirugía me ha permitido ser testigo de la enorme capacidad de los sueños para persistir a pesar de lesiones terribles. He visto a niños a quienes se les ha extirpado la mitad del cerebro como tratamiento de último recurso para crisis refractarias que cuentan que siguen soñando. Los sueños se hacen oír.

Más que eso, los sueños son especialmente relevantes porque nos ofrecen una forma de pensar y de sentir que solo es posible si se dan un conjunto único de cambios neuroquímicos y fisiológicos. Los sueños son la única puerta de entrada a ese espacio mental privilegiado. Por mucho que nos esforcemos, es imposible pensar así cuando estamos despiertos.

Por eso vale la pena prestar atención a los sueños: nos proporcionan información a la que no podríamos acceder de ninguna otra manera. Pueden establecer relaciones entre personas de distintos momentos de nuestra vida, entre sucesos sin relación aparente y entre lo que sucedió en el pasado y lo que podría suceder en el futuro. La potencia de la neurobiología que subyace a los sueños me ha convencido de que deben tener un significado y un propósito. Y eso hace que reflexionar sobre ellos sea un elemento importante de una vida vivida plenamente, de una vida examinada. Al menos, sé que es así para mí.

Quizás pienses que alguien que ha dedicado su carrera profesional a sumergirse en las profundidades del cerebro debe rechazar la interpretación de los sueños como poco más que psicología barata, como algo no muy distinto a leer el horóscopo. Cuando empecé a investigar para escribir este libro, quizás yo también lo creía. Sin embargo, dada la rigurosa ciencia sobre la que descansa lo que sabemos acerca de lo que sucede en el cerebro cuando soñamos, ahora creo que los sueños se pueden interpretar. Pero ¿cómo?

Hay abundantes sitios web con diccionarios de sueños en los que se dice que soñar con X significa Y. También los libros ofrecen respuestas generalistas al significado de sueños determinados. Las interpretaciones de este tipo no se diferencian mucho de un libro de los sueños escrito en el Egipto antiguo hace ya más de tres mil años y que enumeraba ciento ocho sueños distintos y sus correspondientes interpretaciones. Soñar con la luna era bueno y comunicaba el perdón de los dioses. También era positivo soñar con carne de cocodrilo, que anunciaba un nombramiento como funcionario. Sin embargo, verse reflejado en un espejo durante un sueño era un mal augurio e indicaba que muy pronto habría que buscar un cónyuge nuevo.

Las civilizaciones antiguas en Mesopotamia, Grecia y Roma entendían la interpretación de los sueños como un arte que exigía inteligencia y, en ocasiones, inspiración divina. No es sorprendente que atribuyeran una gran importancia a los sueños, a los que consideraban mensajes de los dioses o de los muertos. Les otorgaban el poder de la profecía y se tenía en gran estima a las personas capaces de interpretarlos. Esta crecencia en el poder de la profecía sigue vivita y coleando. Se han hecho estudios que concluyen que dos de cada tres personas creen en el poder de los sueños para predecir el futuro.

Freud fue un descendiente moderno de los intérpretes de sueños de la Antigüedad. Creía que los sueños no eran mensajes ni de los dioses ni del otro mundo, sino del subconsciente, que revelaba así nuestros deseos reprimidos. El cénit del psicoanálisis freudiano ya quedó atrás, pero la convicción de que los sueños nos transmiten información importante sigue viva y, además, cuenta con el apoyo de las sofisticadas herramientas de la neurociencia moderna.

No soy en absoluto el único que cree que los sueños son una fuente valiosa de autoconocimiento. Cada vez son más los neurocientíficos y los psicólogos que creen que podemos aprender mucho de ellos. Los estudios demuestran que interpretar los sueños puede reportar nuestra vida real, aunque no siempre de la manera en que esperamos que lo hagan.

Por qué no funcionan los diccionarios de sueños

Basta con teclear en cualquier buscador para encontrar el supuesto significado no solo de los sueños propios, sino de cualquier sueño. Internet está lleno de sitios que se ofrecen a interpretarlos. ¿Qué significa soñar con una hoja de árbol? Un sitio web afirma que es un símbolo de cambio. Al igual que las hojas cambian con las estaciones, algo en nosotros acaba y algo está a punto de comenzar. Otros dicen que es un signo de renovación. Y aún otros aseguran que anuncia crecimiento y apertura. Todas estas interpretaciones tienen sentido, así que ¿cuál es la correcta?

Los sitios web que interpretan sueños ofrecen una ingeniosa combinación de vaguedad y especificidad que facilitan adaptarlas a nuestras circunstancias personales para que encajen en cualquiera de esas interpretaciones. ¿Acaso no hay siempre algo que acaba y que comienza en la vida? ¿Acaso no queremos todos conectar con la renovación, el crecimiento o la apertura? El ser humano personaliza por naturaleza las descripciones genéricas de este tipo. Los horóscopos hacen exactamente lo mismo. Vemos una descripción vaga y la hacemos encajar con nuestras circunstancias particulares.

Lo cierto es que, en un sueño, una misma imagen puede significar multitud de cosas distintas, no para diferentes personas, sino para una misma persona en diversos momentos de su vida. Hace poco, soñé que cruzaba un puente a pie. Si buscas el significado de soñar con un puente, descubrirás que significa lo mismo que soñar con una hoja. En un sitio web, el puente simboliza «la transición de un estado a otro, como un renacimiento». Otro dice que es un mensaje espiritual que nos insta a revisar nuestra vida o un signo de que la mayoría de las dificultades se pueden superar. Un tercero sugiere que un puente significa que habrá una transición en la vida. Como metáfora, el puente puede sugerir muchas cosas: un matrimonio, dos partes que se unen, un camino para acabar con el sufrimiento de quienes padecen un cáncer incurable...

De la misma manera que la mente despierta de cada uno es el producto único de los recuerdos, de las experiencias cotidianas y del estado emocional individuales, la mente que sueña también es única. Aunque hay sueños casi universales, como caer, llegar tarde o ser perseguido, los sueños son personales. Son el producto de nuestro cerebro en un momento concreto de la vida y cambian con las estaciones de esta. Esperar que signifiquen lo mismo que los de otra persona solo porque comparten una misma narrativa central o un mismo elemento visual no es en absoluto realista.

Sin embargo, también hay una razón neurológica por la que una misma imagen en un sueño puede tener distintos significados para cada uno de nosotros. Tal y como hemos visto, la corteza prefrontal medial, en los lóbulos frontales, suma significado a nuestra experiencia. Todas las CPFM desempeñan una función similar, pero solo con el material disponible en la mente de cada persona. Cuando soñamos, sintetizamos distintas imágenes, sonidos, recuerdos y emociones, que transformamos en algo que tiene sentido para nosotros. El cerebro proporciona el contenido, y la mente, el significado.

Ese significado fue creado por nosotros y es específico para nosotros. Por eso es posible interpretar los sueños que son la voz de la mente. Claro que solo los puede interpretar una persona: la persona que sueña.

Las cinco narrativas oníricas

Las narrativas oníricas pueden emprender caminos casi infinitos, matizados por el abanico completo de las emociones humanas, pero creo que, en términos generales, los sueños se dividen en cinco categorías. Cuando intento interpretar un sueño, comienzo por decidir a cuál de los cinco tipos corresponde, porque cada uno merece un enfoque diferente a la hora de encarar la reflexión. Veámoslos uno a uno.

Sueños transparentes

En primer lugar, están los sueños con un significado transparente. Si tenemos un examen mañana y soñamos que la alarma no sonó, el significado es evidente. Es muy fácil de interpretar: el estrés que nos produce la prueba desencadenó el sueño. Lo mismo se puede decir de soñar con dar una conferencia desnudos o con perder un vuelo importante, cuando ambas cosas son eventos inminentes en nuestra vida real.

Sueños temáticos

En segundo lugar, están lo que los investigadores denominan *sueños temáticos*, que están vinculados a una etapa de la vida que nos cambia de maneras profundas. El significado de los sueños temáticos es tan evidente que no necesitan interpretación. Dos de las categorías clásicas de este tipo de sueños son los del embarazo y los del final de la vida.

Como cabe esperar, la probabilidad de que una mujer embarazada sueñe con temas relacionados con el embarazo, el parto, la anatomía o la maternidad es muy elevada. También es más probable que las mujeres en los últimos meses de embarazo tengan sueños específicos sobre el bebé y el sexo de este. ¿Aciertan? La literatura científica no ofrece una respuesta clara al respecto. Un estudio concluyó que las ocho mujeres embarazadas que soñaron con el sexo de su bebé acertaron, pero otro señaló que la precisión no era mejor que si hubieran lanzado una moneda al aire.

Las mujeres embarazadas también refieren que se comunican con su bebé en sueños e incluso sueñan que este les anuncia su nombre. Los llamados *sueños de anunciación* tienen una historia muy rica en las culturas tradicionales. Entre los eses eja del amazonas peruano, por ejemplo, es tradicional que las mujeres sueñen los nombres de sus hijos. En estos sueños, interactúan con animales que les revelan el «verdadero nombre» del niño.

Tras el parto, es habitual que la ansiedad, el estrés y la privación de sueño que acompañan a la maternidad reciente den lugar a sueños negativos y pesadillas. Una pesadilla habitual entre las madres recientes se conoce como pesadilla del «bebé en la cuna». El bebé se ha perdido en algún lugar de la cama y se está asfixiando. La madre lo busca desesperadamente entre las sábanas y, cuando se despierta del todo y se da cuenta de que era un sueño y de que su hijo no está bajo las sábanas, con frecuencia siente el impulso de ir a comprobar que está bien.

Otro sueño temático habitual es el que se tiene cuando se está cerca de la muerte. Quienes los tienen refieren haber soñado vívidamente con familiares, mascotas u otros seres queridos ya fallecidos. Con frecuencia, estos sueños son una fuente de esperanza, consuelo, alegría y serenidad para quien los tiene. Traen paz y aceptación, lo que puede ayudar a quien los sueña a poner en orden sus asuntos y a reconciliarse con sus familiares.

Informes de sueños recogidos en un centro de cuidados paliativos de Nueva York revelaron temas comunes en las narrativas de los sueños del final de vida. Uno de ellos era el soñar con una presencia que consolaba. Una mujer soñó que su hermana fallecida estaba sentada junto a su cama, y un hombre, cercano a la muerte, que su madre, que había muerto hacía mucho tiempo, le decía: «Te quiero». El sueño fue tan real que incluso pudo oler su perfume. Otros soñaron que alguien los acompañaba en sus últimos días. Una paciente reportó que su marido y su hermana, fallecida, desayunaban con ella; otra, de que su padre y sus dos hermanos, todos los cuales habían muerto ya, la abrazaban en silencio para recibirla.

En sus últimos días, otros pacientes soñaron que se preparaban para viajar a algún sitio o que familiares y amigos ya muertos los estaban esperando. Tres días antes de morir, una mujer soñó que estaba en lo alto de una escalera. Su marido, fallecido, la esperaba abajo. La mayoría de estos sueños eran tranquilizadores, aunque algunos pacientes decían que no estaban preparados para morir.

Las personas que están pasando por un proceso de duelo también reportan que sueñan con un ser querido fallecido, el cual, por lo general, parece tranquilo y sano y no sufre dolores ni enfermedad. Estos sueños se viven como experiencias profundamente significativas y espirituales, porque traen aceptación de la pérdida y consuelo, y alivian el dolor.

Sueños universales

Los sueños universales constituyen el tercer tipo de sueños: la pesadilla y el sueño erótico. Tal y como hemos visto en el capítulo 2, los niños que no han sufrido trauma alguno también tienen pesadillas, pero no debido a ninguna patología, sino como parte del proceso madurativo de la mente. Como las pesadillas acostumbran a ser un reflejo de nuestro estado mental, los adultos con ansiedad o depresión tienden a tener más pesadillas. Las de aparición reciente pueden ser una especie de termómetro con el que evaluar el bienestar, porque nos pueden alertar de nuestro estado emocional. Tal y como hemos visto, las pesadillas relacionadas con el trauma nos pueden ayudar a determinar en qué medida estamos procesando lo que nos pasó. Los sueños consecuencia de un trauma acostumbran a ser repeticiones del evento traumático o de algo parecido. Cuanto más metafórico sea el sueño derivado de un trauma, se cree que mejor está procesando la persona emocionalmente el evento traumático.

Al igual que todos tenemos pesadillas, también todos tenemos sueños eróticos en algún momento de la vida. Como hemos visto en el capítulo 3, muchos de ellos no son más que el producto de una imaginación desbocada, sin juicio. Los sueños de infidelidad no indican necesariamente insatisfacción con la pareja ni tampoco que la persona con la que hemos soñado nos atraiga en la vida real. Lo más revelador es cómo reaccionamos cuando nuestra pareja tiene un sueño de este tipo. Los sueños sobre infidelidad que duele escuchar dicen menos del sueño en sí y más acerca de la salud de la relación.

Sueños no emocionales

La cuarta categoría de sueños corresponde a los no emocionales. A no ser que podamos identificar una emoción intensa asociada a un sueño concreto, encontrarle sentido puede ser difícil. Me refiero a la emoción que pueda sentir la persona que sueña, no a menciones explícitas a alguna emoción en el sueño. De hecho, lo cierto es que en los sueños se habla muy poco de las emociones.

En mi opinión, no vale la pena dedicar esfuerzos a interpretar sueños que recordamos, pero a los que solo asociamos una emoción neutra o muy leve. De la misma manera que no invertiríamos tiempo en analizar momentos anodinos de nuestra vida mental cuando estamos despiertos, tampoco tiene mucho sentido hacerlo con sueños irrelevantes. Invirtamos tiempo y esfuerzo en los que nos conmueven.

En este sentido, algunos sueños no son más que un conjunto de imágenes, eventos o personajes que pueden ser emocionalmente neutros o confusos. Estos sueños son el equivalente de la energía estática mental y son como los abundantes pensamientos aleatorios que nos vienen a la mente a lo largo de la jornada. Creo que no vale la pena interpretar ni los unos ni los otros.

Sueños emocionales

Y llegamos a la quinta y última categoría, que, en mi opinión, corresponde a los sueños que ofrecen la información más rica. Son sueños emocionales que tienen un hilo narrativo congruente y una imagen central clara. Interpretarlos exige esfuerzo, porque a diferencia de los de la primera categoría, cuya narrativa está claramente ligada a algo que sucede en la vida real, pueden tener una narrativa completamente ajena a nuestra realidad.

Centrarnos en los sueños emocionales significa centrarnos en los sueños que nos importan. Recuerda que soñar nos puede llevar a cumbres emocionales imposibles de alcanzar cuando estamos despiertos. Por lo tanto, no debería ser una sorpresa que influya en nuestro estado de ánimo una vez que nos levantamos de la cama. Todos nos hemos despertado tristes, ansiosos o felices tras un sueño especialmente conmovedor. Quizás nos despertamos recordando el sueño o nos descubrimos pensando en él en los momentos más tranquilos de la jornada. A veces, es imposible ignorarlos. Creo que estos sueños exigen que, por lo menos, intentemos interpretarlos, porque pueden abrir una ventana a nuestro mundo psicológico más profundo.

Sin embargo, una advertencia antes de ver cómo interpretar estos sueños: no hay ninguna manera de demostrar objetivamente que la interpretación del sueño sea o no correcta. No nos podemos hacer una RMf para comprobar si la interpretación que hacemos se corresponde o no con una realidad objetiva. Tampoco hay un análisis de sangre ni una lectura de EEG que pueda revelar la respuesta.

Para poder interpretar un sueño, lo primero es recordarlo. Tal y como ya hemos visto, antes de acostarte autosugestiónate diciéndote que vas a soñar, que recordarás lo que sueñes y que lo escribirás. Cuando te despiertes, antes de empezar a pensar en el día que te espera, escribe todo lo que puedas recordar acerca del sueño. También lo puedes anotar en el celular. La clave está en que sea lo primero que hagas al despertarte. No compruebes los correos electrónicos ni las redes sociales antes. La mayoría de nosotros conocemos la experiencia de intentar recuperar un sueño que se nos escapa entre los dedos. Es posible que, al principio, solo recuerdes fragmentos inconexos, pero si te acostumbras a poner por escrito a diario lo que sueñas, cada vez te resultará más fácil hacerlo y, con el tiempo, recordarás mejor los sueños.

Dado que escribirás por la mañana, lo más probable es que recuerdes el sueño del último ciclo REM de la noche. A medida que la noche avanza, los sueños cambian y pasan de estar más conectados con la vida real al comienzo de la noche a ser más largos, más emocionales e hiperasociativos a medida que esta transcurre. La investigadora británica Josie Malinowski descubrió que el último ciclo REM antes de despertarnos es el más emocional, el más simbólico y el que tiene más importancia personal.[1]

Cómo interpretar los sueños

Para interpretar los sueños, debemos tener en cuenta cómo se forman. Ya hemos visto que los sueños son cambios nocturnos en la activación y la neuroquímica del cerebro que dan lugar a narrativas muy emocionales y visuales caracterizadas por un pensamiento divergente. Las emociones y conexiones visuales que experimentamos en sueños son personales y las podemos descifrar porque las hemos conjurado nosotros.

Con el objetivo de entender los sueños, he desarrollado un proceso en dos pasos informado por estos aspectos básicos y centrado en los elementos emocionales y visuales de los sueños. He elegido estos dos elementos (lo visual y lo emocional) porque, mientras soñamos, pueden alcanzar intensidades imposibles en otros momentos de la vida. Ernest Hartmann fue el pionero de este método[2] que, en mi opinión, la neurociencia reciente ha validado al demostrar la activación que ocurre durante los sueños e identificar los patrones que emergen cuando se analizan miles de informes de sueños.

Para usar este método, primero fíjate en la emoción dominante y en la intensidad emocional del sueño. ¿Se trataba de ira, ansiedad, culpa, tristeza, impotencia, desesperanza, asco, asombro, esperanza, alivio, alegría o amor? ¿Cuán intensa era la emoción? A veces, un sueño no produce una, sino varias emociones. Céntrate en la más potente. Cuanto más intensa sea la emoción, más importante será el sueño.

Las emociones subyacentes y las preocupaciones emocionales moldean y motivan el proceso de los sueños en el cerebro. Dada la hiperactivación del sistema límbico (emocional) durante los sueños más potentes, creo que la emoción dominante en el sueño es la brújula que guía las asociaciones amplias y, con frecuencia, irracionales que establecemos cuando soñamos. Si estamos estresados o ansiosos, es probable que los sueños reflejen este estado emocional y es más probable aún que tengamos sueños que nos perturben. Las imágenes y el argumento que acompañan a estos sueños pueden encajar con la emoción, pero tener poco o nada que ver con la fuente de estrés o ansiedad en la vida real. Por eso, el miedo a comenzar en un trabajo nuevo puede dar lugar a un sueño en el que vamos de excursión por un sendero de montaña peligroso y, por eso también, los corredores de bolsa durante una caída de los mercados no soñaron ni con dinero ni con acciones, sino que reportaron un pico en la frecuencia de sueños en los que caían por precipicios o eran perseguidos.

El segundo paso consiste en reflexionar sobre la imagen central del sueño. Los centros visuales del cerebro que sueña están muy activados, como los emocionales, y los sueños asocian imágenes con emociones, para contextualizarlas. Cuando pienses en la imagen central del sueño, entiéndela como una metáfora, como un símbolo de otra cosa; es importante recordar que los sueños son otra forma de cognición, así que, por extraños que puedan resultar, también pueden ser reveladores de un modo que es imposible alcanzar de otra manera. Por ejemplo, una sobreviviente de una agresión sexual puede soñar que la arrastra un tornado, una imagen que evoca el mismo miedo e indefensión que el ataque sufrido. En un estudio de caso que ilustra esta cuestión, un hombre a quien se le había programado una intervención a corazón abierto soñó que le entregaban un cuarto de ternera (una cuarta parte del animal entero) y que él mismo, su hija y su antiguo jefe estaban decidiendo cómo cortarlo y conservarlo. Cuesta interpretar que esto tenga que ver con nada que no sea su intervención inminente.[3]

Con frecuencia, parece que la mente que sueña busca momentos pasados en los que experimentamos la misma emoción y conjura imágenes de esa experiencia. Veteranos de la guerra de Vietnam que, años después, sufrieron el estrés derivado de problemas de pareja, empezaron a soñar más con la guerra. Para estos veteranos, la emoción del sueño era la clave para entenderlo: la guerra era una metáfora de su situación de pareja actual.

Otros eventos vitales importantes pueden producir emociones potentes e imágenes contextualizadas en consonancia. Los sueños que se registraron tras los ataques terroristas del 11 de septiembre en Nueva York no trataban ni de aviones ni del World Trade Center, sino que contenían narrativas amenazantes en otros sentidos. Era poco probable que los confinamientos por la COVID-19 produjeran sueños acerca de virus o pandemias; por el contrario, tendían a contener narrativas en las que la persona que soñaba estaba atrapada. Por ejemplo, una persona soñó que se quedaba atrapada en un supermercado que se convertía en un laberinto.

La literatura científica recoge informes de sueños de dos mujeres una semana después de que su madre hubiera muerto.[4] Una de ellas soñó con una casa vacía, sin muebles, con las puertas y las ventanas abiertas y el viento entrando por ellas. La otra soñó que un árbol muy grande caía delante de la casa. Tanto la casa vacía como el árbol caído simbolizaban la pérdida que habían experimentado. Si buscamos en línea qué significa soñar con casas vacías o árboles caídos, encontraremos varias explicaciones. Sin embargo, dado el contexto, ¿cabe alguna duda de que ambas estaban procesando el dolor y la pérdida en sus sueños respectivos?

Nelson Mandela, el prisionero político sudafricano que acabó siendo presidente de su país, tuvo un sueño parecido después de que su madre y su hijo mayor murieran mientras él estaba encarcelado en Robben Island. Allí, tuvo un sueño recurrente, en el que lo liberaban de la cárcel en Johannesburgo y cruzaba a pie la ciudad desierta hasta que, horas después, llegaba a su casa en Soweto y descubría que era «una casa fantasma, con todas las puertas y ventanas abiertas, pero sin nadie viviendo allí».[5]

Volviendo al popular sueño sobre el examen final en la escuela: quizás no nos suena el despertador y no llegamos, o llegamos tarde, o vamos a la clase equivocada o hemos estudiado lo que no tocaba. Tal vez nos presentamos a la prueba desnudos o descubrimos que está escrita en un idioma que desconocemos. Si soñamos algo así la noche anterior a un examen, es evidente que se trata de un producto de la ansiedad que nos produce. Sin embargo, en muchas personas este sueño persiste hasta la mediana edad o más. ¿Por qué seguimos teniendo este sueño mucho después de haber terminado los estudios? ¿Y cómo es posible que estos sueños no solo sean perturbadores, sino también relevantes?

Recordemos los dos elementos fundamentales de los sueños. El primero es la emoción predominante del sueño y la intensidad de esta: normalmente, este sueño provoca ansiedad o miedo intensos. El segundo es la imagen central: un examen en la escuela. Aquí, es importante pensar metafóricamente.

A no ser que sigamos estudiando, es poco probable que el sueño trate de la escuela o de exámenes. De la misma manera que los veteranos volvieron a soñar con la guerra cuando tuvieron problemas de pareja, la ansiedad nos remite a otro momento de la vida en que algo nos produjo ansiedad.

La psicóloga de Harvard Deirdre Barrett dice que un examen es un momento en el que alguien en una posición de autoridad respecto a nosotros evalúa nuestro desempeño y determina si aprobamos o reprobamos. La imagen del examen puede simbolizar una situación en la vida real en la que sentimos que se nos juzga o se nos pone a prueba. Si tenemos este sueño, vale la pena que nos preguntemos si nos preocupa no estar a la altura de las expectativas de alguien.

Según Barrett, es probable que la escuela sea también el lugar en el que experimentamos por primera vez otras emociones profundas, como vergüenza, estrés o no ser suficiente. Por lo tanto, no es de extrañar que los exámenes sean una buena metáfora, tengamos la edad que tengamos. Una de las funciones de los sueños es ayudarnos a procesar emociones y determinar cómo encajan las experiencias recientes con las antiguas. Es probable que soñar con un examen final sea una manera de comparar la ansiedad actual con un miedo pasado que nos provocó una ansiedad considerable.

Dedicar tiempo a reflexionar sobre el significado de lo que soñamos exige introspección y conciencia de uno mismo. Los sueños nos invitan a mirar hacia dentro y a reflexionar sobre lo que nos dicen. Invertir tiempo en ello puede aumentar tanto nuestra conciencia emocional como la aceptación de nuestras emociones, y nos puede ofrecer revelaciones importantes acerca de nuestra vida e incrementar nuestro bienestar.

Conclusión
El poder trascendental de los sueños

En 2016, un hombre de ochenta y siete años ingresó en el Hospital General de Vancouver (Canadá) tras sufrir una caída. Una vez en el hospital, empezó a tener crisis convulsivas. Le conectaron el cuero cabelludo a un electroencefalógrafo para controlar las ondas cerebrales, que los médicos esperaban que ofrecieran información sobre las crisis, pero acabaron obteniendo información sobre algo mucho más profundo.

Mientras el paciente seguía conectado al electroencefalógrafo, se le paró el corazón. Había dejado instrucciones claras para que no lo resucitaran. Por lo tanto, y con la instrucción clara en su historia clínica, los médicos no hicieron nada para reactivar el corazón del paciente y devolverlo a la vida. En sus últimos momentos de vida, mientras el corazón se le detenía y el color desaparecía de su cuerpo, el electroencefalógrafo siguió registrando su actividad cerebral. Las ondas cerebrales del paciente moribundo mostraron algo extraordinario.

Los médicos y los científicos creían desde hacía mucho que, al morir, el cerebro mostraría muy poca actividad o que la actividad que hubiera se desvanecería rápidamente hasta desaparecer por completo. Es lo que sucede con otros órganos. Se detienen de forma progresiva y para siempre.

Sin embargo, durante los treinta segundos que siguieron al paro cardiaco, las ondas cerebrales de este hombre se movieron con una intensidad brutal, la misma que se aprecia cuando recordamos o soñamos. Otros informes han reflejado hallazgos similares desde entonces, lo que plantea una pregunta apasionante: ¿es posible que la muerte nos ofrezca un último sueño? Quizás no desaparezcamos en el silencio de la noche sin más.

A lo largo de la historia, los sueños se han entendido como el producto de fuerzas sobrenaturales, como visiones enviadas a la mente durmiente por los dioses o los espíritus, que nos quieren revelar algo fundamental acerca de nosotros o del mundo. Las culturas antiguas no erraban del todo al considerar sobrenaturales los sueños. Efectivamente, son un superpoder que todos compartimos, un mundo único que cada uno de nosotros ilumina en beneficio propio.

Ahora no somos muy distintos. También percibimos el poder de los sueños, que nos ofrecen la oportunidad de evolucionar y de crecer. Pueden sumar significado y riqueza a nuestra vida, ofrecernos revelaciones sobre nosotros mismos o los demás y desvelar lo que durante el día queda oculto para llevarnos a nuevas vías de entendimiento y creatividad. Soñar añade, en lugar de restar, significado a etapas esenciales de la vida y a los momentos intensamente emocionales que las caracterizan.

Los sueños llevan a los centros emocionales del cerebro a una intensidad imposible de alcanzar cuando estamos despiertos. La red imaginativa jamás está tan activa ni es tan libre como durante nuestros viajes nocturnos. En la vida cotidiana, acostumbramos a pensar en el cerebro emocional como en algo que puede entorpecer la toma de decisiones efectiva o la máxima productividad. Sin embargo, la realidad es que la toma de decisiones óptimas depende de la emoción. Sin ella, carecemos de la conciencia social y situacional necesaria. Los pacientes con lesiones en el sistema límbico (emocional) tienen dificultades para tomar decisiones. Cualquier decisión. Esto significa que la experiencia hiperemocional que solo es posible cuando soñamos nos puede ofrecer un portal único a la introspección y a la comprensión.

Cada noche, el cerebro del que surgen la conciencia y el autoconocimiento nos ofrece un proceso más allá de los límites del hábito y de la existencia cotidiana. Este libro ha querido explorar lo que sabemos acerca del cerebro que sueña y, sobre todo, las múltiples maneras en que nuestra vida dormidos se relaciona con nuestra vida despiertos. El yo dormido no es ajeno al yo despierto. Entender la relación que hay entre ellos nos permite empezar a entender el poder que tienen los sueños.

Soñar nos otorga la capacidad mental para mejorar la versatilidad del pensamiento, de las emociones y del instinto. La vida que soñamos amplía los horizontes de lo que vemos posible. La inverosimilitud de los sueños nos ofrece una ventaja evolutiva clave: una mente adaptativa. Llevamos este genio personal integrado en nuestro sistema.

La neurociencia ha logrado avances extraordinarios en las herramientas que nos permiten ver el cerebro en acción en directo. Ahora podemos registrar incluso la actividad de neuronas individuales. Sin embargo, enfocar la potente luz de la investigación sobre los misterios de la mente que sueña no les ha robado interés. Muy al contrario. La posibilidad de entender los sueños como nunca antes se había hecho los ha vuelto aún más apasionantes y misteriosos. Son magia en un mundo cuantificado.

A lo largo del libro, he intentado explicar por qué y cómo soñamos, así como la inconcebible complejidad que nos gobierna. Creo que ni siquiera las medidas más exóticas y sofisticadas del cerebro humano permiten más que apenas vislumbrarlo.

Personalmente, intento navegar a diario por el mundo que me rodea y, también, por el mundo interior que albergo en la mente. Los extremos más descabellados que exploramos en sueños no son distracciones que debamos domar o ignorar, sino que revelan complejidades profundas de la conciencia, la cognición y la emoción y permiten que emerjamos como personas completas. Reflexionar sobre el significado de los sueños y de soñar es explorar el significado de la vida misma. Creo que la extraordinaria amplitud del mundo onírico, que nos presenta desde las situaciones más terroríficas a las revelaciones más trascendentes, es el don más valioso que nos pueda ofrecer la mente humana.

Agradecimientos

A Venetia Butterfield, por la inspiración y la visión compartida. A Nina Rodríguez-Marty, por su dominio del bisturí editorial y por creer que este libro es importante. A Anna Argenio, por hacer avanzar esta idea desde su concepción hasta la imprenta y a través de los múltiples pasos tan vitales como, con frecuencia, no valorados. A Vanessa Phan, por tomar el relevo y llevar el manuscrito a otro nivel. A Laurie Ip Fung Chun, por su función esencial como editora jefa. A Alice Dewing y a Ania Gordon, por haber presentado este material de la mejor manera posible en el Reino Unido y más allá. Julia Falkner convirtió en una prioridad que los medios de comunicación estadounidenses vieran el potencial de esta obra y, con su empeño, la ha llevado más lejos de lo que hubiera imaginado. Raven Ross lideró con precisión los esfuerzos de *marketing* en Estados Unidos. Gracias a Amelia Evans, a Monique Corless y al resto del equipo de derechos de Penguin por cautivar al mundo con el valor de este libro. A Richard Kilgariff, por darle impulso añadido. A David Steen Martin, por su construcción compartida.

Explorar las profundidades de qué y cómo soñamos exige reconocer que los informes, publicaciones y ciencia que recogen lo que sabemos hasta ahora no han incluido ni incluyen a toda la humanidad y que aún quedan muchas historias que escuchar. Aguardo con impaciencia que la comunidad científica siga añadiendo conocimientos valiosos a medida que se vayan incluyendo voces más diversas que den matices más profundos y, por lo tanto, ahonden en la comprensión de por qué soñamos. Al igual que mis sueños, este libro ha sido generado íntegramente por un ser humano.

Lecturas complementarias

Ahmadi, F., y Hussin, N. A. M., «Cancer Patients' Meaning Making Regarding Their Dreams: A Study among Cancer Patients in Malaysia», en *Dreaming*, 2020.

Akkaoui, M. A., *et al.*, «Nightmares in Patients with Major Depressive Disorder, Bipolar Disorder, and Psychotic Disorders: A Systematic Review», en *Journal of Clinical Medicine*, 2020.

Alcaro, A., y Carta, S., «The "Instinct" of Imagination: A Neuro-ethological Approach to the Evolution of the Reflective Mind and Its Application to Psychotherapy», en *Frontiers in Human Neuroscience*, 23 de enero de 2019.

Alessandria, M., *et al.*, «Normal Body Scheme and Absent Phantom Limb Experience in Amputees while Dreaming», en *Consciousness and Cognition*, 13 de julio de 2011.

Alexander, M. S., y Marson, L., «The Neurologic Control of Arousal and Orgasm with Specific Attention to Spinal Cord Lesions: Integrating Preclinical and Clinical Sciences», en *Autonomic Neuroscience: Basic and Clinical*, 2018.

Andersen, M. L., *et al.*, «Sexsomnia: Abnormal Sexual Behavior during Sleep», en *Brain Research Reviews*, 2007.

Andrews-Hanna, J. R., «The Brain's Default Network and Its Adaptive Role in Internal Mentation», en *Neuroscientist*, junio de 2012.

Andrews-Hanna, J. R., y Grilli, M. D., «Mapping the Imaginative Mind: Charting New Paths Forward», en *Current Directions in Psychological Science*, febrero de 2021.

Appel, K., *et al.*, «Inducing Signal-verified Lucid Dreams in 40% of Untrained Novice Lucid Dreamers within Two Nights in a Sleep Laboratory Setting», en *Consciousness and Cognition*, 2020.

Arehart-Treichel, J., «Amazon People's Dreams Hold Lessons for Psychotherapy», en *Psychiatric News*, 4 de marzo de 2011.

Aspy, Denholm J., «Findings from the International Dream Induction Study», en *Frontiers in Psychology*, 17 de julio de 2020.

Aspy, Denholm J., *et al.*, «Reality Testing and the Mnemonic Induction of Lucid Dreams: Findings from the National Australian Lucid Dream Induction Study», en *Dreaming*, 2017.

BaHammam, A. S., y Almeneessier, A. S., «Dreams and Nightmares in Patients with Obstructive Sleep Apnea: A Review», en *Frontiers in Neurology*, 22 de octubre de 2019.

Bainbridge, W. A., *et al.*, «Quantifying Aphantasia Through Drawing: Those without Visual Imagery Show Deficits in Object but Not Spatial Memory», en *Cortex*, 2021.

Baird, B., *et al.*, «Frequent Lucid Dreaming Associated with Increased Functional Connectivity between Frontopolar Cortex and Temporoparietal Association Areas», en *Scientific Reports*, 12 de diciembre de 2018.

Baird, B., *et al.*, «Inspired by Distraction: Mind Wandering Facilitates Creative Incubation», en *Psychological Science*, 1 de octubre de 2012.

Baird, B., LaBerge, S., y Tononi, G., «Two- way Communication in Lucid REM Sleep Dreaming», en *Trends in Cognitive Sciences*, junio de 2021.

Baird, B., Mota-Rolim, S., y Dresler, M., «The Cognitive Neuroscience of Lucid Dreaming», en *Neuroscience Biobehavioral Review*, 1 de mayo de 2020.

Baird, B., Tononi, G., y LaBerge, S., «Lucid Dreaming Occurs in Activated Rapid Eye Movement Sleep, Not a Mixture of Sleep and Wakefulness», en *Sleep*, 2022.

Balasubramaniam, B., y Park, G. R., «Sexual Hallucinations during and after Sedation and Anaesthesia», en *Anaesthesia*, 2003.

Baldelli, L. y Provini, F., «Differentiating Oneiric Stupor in Agrypnia Excitata from Dreaming Disorders», en *Frontiers in Neurology*, 12 de noviembre de 2020.

Ball, T., *et al.*, «Signal Quality of Simultaneously Recorded Invasive and Non-invasive EEG», en *NeuroImage*, 2009.

Barnes, C. M., Watkins, T., y Klotz, A., «An Exploration of Employee Dreams: The Dream-based Overnight Carryover of Emotional Experiences at Work», en *Sleep Health*, 2021.

Barrett, D., «Dreams about COVID-19 versus Normative Dreams: Trends by Gender», en *Dreaming*, 2020.

Barrett, D., «Dreams and Creative Problem-solving», en *Annals of the New York Academy of Sciences*, 22 de junio de 2017.

Barrett, D., «The "Committee of Sleep": A Study of Dream Incubation for Problem Solving», en *Dreaming*, 1993.

Barrett, D., «The Dream Character as Prototype for Multiple Personality Alter», en *Dissociation*, marzo de 1995.

Barry, D. N., *et al.*, «The Neural Dynamics of Novel Scene Imagery», en *The Journal of Neuroscience*, 29 de mayo de 2019.

Bashford, L., *et al.*, «The Neurophysiological Representation of Imagined Somatosensory Percepts in Human Cortex», en *The Journal of Neuroscience*, 10 de marzo de 2021.

Bastin, J., *et al.*, «Direct Recordings from Human Anterior Insula Reveal Its Leading Role within the Error-monitoring Network», en *Cerebral Cortex*, febrero de 2017.

Baylor, G. W., y Cavallero, C., «Memory Sources Associated with REM and NREM Dream Reports Throughout the Night: A New Look at the Data», en *Sleep*, 2001.

Beaty, R. E., *et al.*, «Brain Networks of the Imaginative Mind: Dynamic Functional Connectivity of Default and Cognitive Control Networks Relates to Openness to Experience», en *Human Brain Mapping*, 2017.

Beaty, R. E., *et al.*, «Creative Constraints: Brain Activity and Network Dynamics Underlying Semantic Interference during Idea Production», en *NeuroImage*, 2017.

Beaty, R. E., *et al.*, «Creativity and the Default Network: A Functional Connectivity Analysis of the Creative Brain at Rest», en *Neuropsychologia*, 2014.

Beaty, R. E., *et al.*, «Personality and Complex Brain Networks: The Role of Openness to Experience in Default Network Efficiency», en *Human Brain Mapping*, 2016.

Beaty, R. E., Silvia, P. J., y Benedek, M., «Brain Networks Underlying Novel Metaphor Production», en *Brain and Cognition*, 2017.

Beck, J. C., «"Dream Messages" from the Dead», en *Journal of the Folklore Institute*, diciembre de 1973.

Bekrater-Bodmann, R., *et al.*, «Post-amputation Pain Is Associated with the Recall of an Impaired Body Representation in Dreams. Results from a Nation-wide Survey on Limb Amputees», en *PLOS One*, 5 de marzo de 2015.

Belinda, C. D., y Christian, M. S., «A Spillover Model of Dreams and Work Behavior: How Dream Meaning Ascription Promotes Awe and Employee Resilience», en *Academy of Management*, 27 de junio de 2022.

Beversdorf, D. Q., «Neuropsychopharmacological Regulation of Performance on Creativity-related Tasks», en *Current Opinion in Behavioral Sciences*, 2019.

Bhat, S., *et al.*, «Dream-enacting Behavior in Non-rapid Eye Movement Sleep», en *Sleep Medicine*, 2012.

Blagrove, M., Farmer, L., y Williams, E., «The Relationship of Nightmare Frequency and Nightmare Distress to Well-being», en *Journal of Sleep Research*, 2004.

Blagrove, M., y Pace-Schott, E. F., «Trait and Neurobiological Correlates of Individual Differences in Dream Recall and Dream Content», en *International Review of Neurobiology*, 2010.

Blanchette-Carriere, C., *et al.*, «Attempted Induction of Signalled Lucid Dreaming by Transcranial Alternating Current Stimulation», en *Consciousness and Cognition*, 2020.

Błaśkiewicz, M., «Healing Dreams at Epidaurus: Analysis and Interpretation of the Epidaurian Iamata», en *Miscellanea Anthropologica et Sociologica*, 2014.

Boehme, R., y Olausson, H., «Differentiating Self-touch from Social Touch», en *Current Opinion in Behavioral Sciences*, 2022.

Bogzaran, F., «Experiencing the Divine in the Lucid Dream State», en *Lucidity Letter*, 1991.

Bonamino, C., Watling, C., y Polman, R., «The Effectiveness of Lucid Dreaming Practice on Waking Task Performance: A Scoping Review of Evidence and Meta-analysis», en *Dreaming*, 2022.

Borchers, S., *et al.*, «Direct Electrical Stimulation of Human Cortex—the Gold Standard for Mapping Brain Functions?», en *Nature Reviews Neuroscience*, noviembre de 2011.

Borghi, L., *et al.*, «Dreaming during Lockdown: A Quali-quantitative Analysis of the Italian Population Dreams during the First COVID-19 Pandemic Wave», en *Research in Psychotherapy: Psychopathology, Process and Outcome*, 2021.

Bradley, C., *et al.*, «State-dependent Effects of Neural Stimulation on Brain Function and Cognition», en *Nature Reviews Neuroscience*, agosto de 2022.

Braun, A. R., *et al.*, «Regional Cerebral Blood Flow Throughout the Sleep-Wake Cycle: An H2(15)O PET Study», en *Brain*, 1997.

Brecht, M., Lenschow, C., y Rao, R. P., «Socio-sexual Processing in Cortical Circuits», en *Current Opinion in Neurobiology*, 2018.

Brink, S. M., Allan, J. A. B., y Boldt, W., «Symbolic Representation of Psychological States in the Dreams of Women with Eating Disorders», en *Canadian Journal of Counselling/Revue Canadienne de Counseling*, 1995.

Brock, M. S., *et al.*, «Clinical and Polysomnographic Features of Trauma-associated Sleep Disorder», en *Journal of Clinical Sleep Medicine*, 2022.

Brosch, R., «What We "See" When We Read: Visualization and Vividness in Reading Fictional Narratives», en *Cortex*, 2018.

Brugger, P., «The Phantom Limb in Dreams», en *Consciousness and Cognition*, 2008.

Bugalho, P., *et al.*, «Progression in Parkinson's Disease: Variation in Motor and Non-motor Symptoms Severity and Predictors of Decline in Cognition, Motor Function, Disability, and Health-related Quality of Life as Assessed by Two Different Methods», en *Movement Disorders Clinical Practice*, junio de 2021.

Bugalho, P., y Paiva, T., «Dream Features in the Early Stages of Parkinson's Disease», en *Journal of Neural Transmission*, 2011.

Bulgarelli, C., *et al.*, «The Developmental Trajectory of Fronto-temporoparietal Connectivity as a Proxy of the Default Mode Network: A Longitudinal fNIRS Investigation», en *Human Brain Mapping*, 4 de marzo de 2020.

Bulkeley, K., «Dreaming as Inspiration: Evidence from Religion, Philosophy, Literature, and Film», en *International Review of Neurobiology*, 2010.

Bulkeley, K., «The Future of Dream Science», en *Annals of the New York Academy of Sciences*, 2017.

Burk, L., «Warning Dreams Preceding the Diagnosis of Breast Cancer: A Survey of the Most Important Characteristics», en *Explore*, junio de 2015.

Burnham, M. M., y Conte, C., «Developmental Perspective Dreaming across the Lifespan and What This Tells Us», en *International Review of Neurobiology*, 2010.

Bushnell, G. A., *et al.*, «Association of Benzodiazepine Treatment for Sleep Disorders with Drug Overdose Risk among Young People», en *JAMA Network Open*, 2022.

Calabro, R. S., *et al.*, «Neuroanatomy and Function of Human Sexual Behavior: A Neglected or Unknown Issue?», en *Brain and Behavior*, 2019.

Campbell, I. G., *et al.*, «Sex, Puberty, and the Timing of Sleep EEG Measured Adolescent Brain Maturation», en *Proceedings of the National Academy of Sciences*, 26 de marzo de 2012.

Cappadona, R., *et al.*, «Sleep, Dreams, Nightmares, and Sex-related Differences: A Narrative Review», en *European Review for Medical and Pharmacological Sciences*, 2021.

Carr, M., *et al.*, «Dream Engineering: Simulating Worlds Through Sensory Stimulation», en *Consciousness and Cognition*, 2020.

Carr, M., *et al.*, «Towards Engineering Dreams», en *Consciousness and Cognition*, 2020.

Carton-Leclercq, A., *et al.*, «Laminar Organization of Neocortical Activities during Systemic Anoxia», en *Neurobiology of Disease*, noviembre de 2023.

Cartwright, R., *et al.*, «Effect of an Erotic Movie on the Sleep and Dreams of Young Men», en *Archives of General Psychiatry*, marzo de 1969.

Cartwright, R., *et al.*, «Relation of Dreams to Waking Concerns», en *Psychiatry Research*, 2006.

Carvalho, D., *et al.*, «The Mirror Neuron System in Post-stroke Rehabilitation», en *International Archives of Medicine*, 2013.

Carvalho, I., *et al.*, «Cultural Explanations of Sleep Paralysis: The Spiritual Phenomena», en *European Psychiatry*, 23 marzo de 2020.

Cavallero, C., «The Quest for Dream Sources», en *Journal of Sleep Research*, 1993.

Cavallotti, S., *et al.*, «Aggressiveness in the Dreams of Drug-naive and Clonazepam-treated Patients with Isolated REM Sleep Behavior Disorder», en *Sleep Medicine*, 5 de marzo de 2022.

Chaieb, L., *et al.*, «New Perspectives for the Modulation of Mind-wandering Using Transcranial Electric Brain Stimulation», en *Neuroscience*, 2019.

Chellappa, S. L., y Cajochen, C., «Ultradian and Circadian Modulation of Dream Recall: EEG Correlates and Age Effects», en *International Journal of Psychophysiology*, 2013.

Childress, A. R., *et al.*, «Prelude to Passion: Limbic Activation by 'Unseen' Drug and Sexual Cues», en *PLOS One*, enero de 2008.

Choi, S. Y., «Dreams as a Prognostic Factor in Alcoholism», en *The American Journal of Psychiatry*, 1973.

Christo, G., y Franey, C., «Addicts Drug-related Dreams: Their

Frequency and Relationship to Six-month Outcomes», en *Substance Use & Misuse*, 1996.

Christoff, K., *et al.*, «Mind- wandering as Spontaneous Thought: A Dynamic Framework», en *Nature Reviews Neuroscience*, noviembre de 2016.

Cicolin, A., *et al.*, «End-of-life in Oncologic Patients' Dream Content», en *Brain Sciences*, 1 de agosto de 2020.

Cinosi, E., *et al.*, «Sleep Disturbances in Eating Disorders: A Review», en *La Clinica Terapeutica*, noviembre de 2011.

Cipolli, C., *et al.*, «Beyond the Neuropsychology of Dreaming: Insights into the Neural Basis of Dreaming with New Techniques of Sleep Recording and Analysis», en *Sleep Medicine Reviews*, 2017.

Clarke, J., DeCicco, T. L., y Navara, G., «An Investigation among Dreams with Sexual Imagery, Romantic Jealousy and Relationship Satisfaction», en *International Journal of Dream Research*, 2010.

Cochen, V., *et al.*, «Vivid Dreams, Hallucinations, Psychosis and REM Sleep in Guillain-Barré Syndrome», en *Brain*, 2005.

Colace, C., «Drug Dreams in Cocaine Addiction», en *Drug and Alcohol Review*, marzo de 2006.

Collerton, D., y Perry, E., «Dreaming and Hallucinations—Continuity or Discontinuity? Perspectives from Dementia with Lewy Bodies», en *Consciousness and Cognition*, 2011.

Conte, F., *et al.*, «Changes in Dream Features across the First and Second Waves of the Covid-19 Pandemic», en *Journal of Sleep Research*, 22 de junio de 2021.

Coolidge, F. L., *et al.*, «Do Nightmares and Generalized Anxiety Disorder in Childhood and Adolescence Have a Common Genetic Origin?», en *Behavior Genetics*, 10 de noviembre de 2009.

Cooper, S., «Lighting up the Brain with Songs and Stories», en *General Music Today*, 2010.

Courtois, F., Alexander, M., y McLain, A. B. J., «Women's Sexual Health and Reproductive Function after SCI», en *Topics in Spinal Cord Injury Rehabilitation*, 2017.

Coutts, R., «Variation in the Frequency of Relationship Characters in the Dream Reports of Singles: A Survey of 15 657 Visitors to an Online Dating Website», en *Comprehensive Psychology*, 2015.

Cox, A., «Sleep Paralysis and Folklore», en *Journal of the Royal Society of Medicine Open*, 2015.

Curot, J., *et al.*, «Déja-rêvé: Prior Dreams Induced by Direct Electrical Brain Stimulation», en *Brain Stimulation*, 2018.

Curot, J., *et al.*, «Memory Scrutinized Through Electrical Brain Stimulation: A Review of 80 Years of Experiential Phenomena», en *Neuroscience and Biobehavioral Reviews*, 2017.

Dagher, A., y Misic, B., «Holding onto Youth», en *Cell Metabolism*, 1 de agosto de 2017.

Dahan, L., *et al.*, «Prominent Burst Firing of Dopaminergic Neurons in the Ventral Tegmental Area during Paradoxical Sleep», en *Neuropsychopharmacology*, 2007.

Dale, A., Lafreniere, A., y De Koninck, J., «Dream Content of Canadian Males from Adolescence to Old Age: An Exploration of Ontogenetic Patterns», en *Consciousness and Cognition*, marzo de 2017.

Dale, A., Lortie-Lussier, M., y De Koninck, J., «Ontogenetic Patterns in the Dreams of Women across the Lifespan», en *Consciousness and Cognition*, 2015.

Dang-Vu, T. T., *et al.*, «A Role for Sleep in Brain Plasticity», en *Journal of Pediatric Rehabilitation Medicine*, 2006.

D'Argembeau, A., y Van der Linden, M., «Individual Differences in the Phenomenology of Mental Time Travel: The Effect of Vivid Visual Imagery and Emotion Regulation Strategies», en *Consciousness and Cognition*, 2006.

Davis, J. L., y Wright, D. C., «Case Series Utilizing Exposure, Relaxation, and Rescripting Therapy: Impact on Nightmares, Sleep Quality, and Psychological Distress», en *Behavioral Sleep Medicine*, 2005.

Dawes, A. J., *et al.*, «A Cognitive Profile of Multi-sensory Imagery, Memory and Dreaming in Aphantasia», en *Scientific Reports*, 2020.

DeCicco, T. L., *et al.*, «A Cultural Comparison of Dream Content, Mood and Waking Day Anxiety between Italians and Canadians», en *International Journal of Dream Research*, 2013.

DeCicco, T. L., *et al.*, «Exploring the Dreams of Women with Breast Cancer: Content and Meaning of Dreams», en *International Journal of Dream Research*, noviembre de 2010.

De Gennaro, L., *et al.*, «How We Remember the Stuff That Dreams Are Made of: Neurobiological Approaches to the Brain Mechanisms of Dream Recall», en *Behavioural Brain Research*, 2012.

De Gennaro, L., *et al.*, «Recovery Sleep after Sleep Deprivation Almost Completely Abolishes Dream Recall», en *Behavioural Brain Research*, 2010.

De la Chapelle, A., *et al.*, «Relationship between Epilepsy and Dreaming: Current Knowledge, Hypotheses, and Perspectives», en *Frontiers in Neuroscience*, 6 de septiembre de 2021.

De Macedo, T. C. F., *et al.*, «My Dream, My Rules: Can Lucid Dreaming Treat Nightmares?», en *Frontiers in Psychology*, noviembre de 2019.

Dement, W. C., «History of Sleep Medicine», en *Neurologic Clinics*, 2005.

Dement, W. C., «The Effect of Dream Deprivation: The Need for a Certain Amount of Dreaming Each Night Is Suggested by Recent Experiments», en *Science*, 1960.

Denis, D., y Poerio, G. L., «Terror and Bliss? Commonalities and Distinctions between Sleep Paralysis, Lucid Dreaming, and Their Associations with Waking Life Experiences», en *Journal of Sleep Research*, 2017.

Desseilles, M., *et al.*, «Cognitive and Emotional Processes during Dreaming: A Neuroimaging View», en *Consciousness and Cognition*, 2011.

Devine, R. T., y Hughes, C., «Silent Films and Strange Stories: Theory of Mind, Gender, and Social Experiences in Middle Childhood», en *Child Development*, 30 de noviembre de 2012.

Dijkstra, N., Bosch, S. E., y Van Gerven, Marcel A. J., «Shared Neural Mechanisms of Visual Perception and Imagery», en *Trends in Cognitive Sciences*, 2019.

Di Noto, P.M., *et al.*, «The Hermunculus: What Is Known about the Representation of the Female Body in the Brain?», en *Cerebral Cortex*, mayo de 2013.

Dodet, P., *et al.*, «Lucid Dreaming in Narcolepsy», en *Sleep*, 2015.

Domhoff, W. G., y Schneider, A., «From Adolescence to Young Adulthood in Two Dream Series: The Consistency and Continuity of Characters and Major Personal Interests», en *Dreaming*, 2020.

Domhoff, W. G., y Schneider, A., «Similarities and Differences in Dream Content at the Cross-cultural, Gender, and Individual Levels», en *Consciousness and Cognition*, 2008.

Duffau, H., «The "Frontal Syndrome" Revisited: Lessons from Electrostimulation Mapping Studies», en *Cortex*, 2012.

Duffey, T. H., *et al.*, «The Effects of Dream Sharing on Marital Intimacy and Satisfaction», en *Journal of Couples & Relationship Therapy*, 2004.

Dumontheil, I., Apperly, I. A. y Blakemore, Sarah-Jayne, «Online Usage of Theory of Mind Continues to Develop in Late Adolescence», en *Developmental Science*, 2010.

Dumser, B., *et al.*, «Symptom Dynamics among Nightmare Sufferers: An Intensive Longitudinal Study», en *Journal of Sleep Research*, 17 de octubre de 2022.

Durantin, G., Dehais, F., y Delorme, A., «Characterization of Mind Wandering Using fNIRS», en *Frontiers in Systems Neuroscience*, 26 de marzo de 2015.

Edwards, C. L., *et al.*, «Dreaming and Insight», en *Frontiers in Psychology*, 24 de diciembre de 2013.

Eichenbaum, H., «Time Cells in the Hippocampus: A New Dimension for Mapping Memories», en *Nature Reviews Neuroscience*, noviembre de 2014.

Eickhoff, S. B., *et al.*, «Anatomical and Functional Connectivity of Cytoarchitectonic Areas within the Human Parietal Operculum», en *The Journal of Neuroscience*, 5 de mayo de 2010.

El Haj, M. y Lenoble, Q., «Eying the Future: Eye Movement in Past and Future Thinking», en *Cortex*, 2018.

Engel, A. K., *et al.*, «Invasive Recordings from the Human Brain: Clinical Insights and Beyond», en *Nature Reviews Neuroscience*, enero de 2005.

Erlacher, D., y Chapin, H., «Lucid Dreaming: Neural Virtual Reality as a Mechanism for Performance Enhancement», en *International Journal of Dream Research*, 2010.

Erlacher, D., y Shredl, M., «Dreams Reflecting Waking Sports Activities: A Comparison of Sport and Psychology Students», en *International Journal of Sport Psychology*, 2004.

Erlacher, D., y Shredl, M., «Do REM (Lucid) Dreamed and Executed Actions Share the Same Neural Substrate?», en *International Journal of Dream Research*, 2008.

Erlacher, D., y Shredl, M., «Practicing a Motor Task in a Lucid Dream Enhances Subsequent Performance: A Pilot Study», en *The Sport Psychologist*, 2010.

Erlacher, D., y Shredl, M., «Time Required for Motor Activity in Lucid Dreams», en *Perceptual and Motor Skills*, 2004.

Erlacher, D., Ehrlenspiel, F., y Schredl, M., «Frequency of Nightmares and Gender Significantly Predict Distressing Dreams of German Athletes Before Competitions or Games», en *The Journal of Psychology*, 2011.

Erlacher, D., *et al.*, «Inducing Lucid Dreams by Olfactory-cued Reactivation of Reality Testing during, Early-morning Sleep: A Proof of Concept», en *Consciousness and Cognition*, 2020.

Erlacher, D., *et al.*, «Ring, Ring, Ring... Are You Dreaming? Combining Acoustic Stimulation and Reality Testing for Lucid Dream Induction: A Sleep Laboratory Study», en *International Journal of Dream Research*, 2020.

Erlacher, D., *et al.*, «Time for Actions in Lucid Dreams: Effects of Task Modality, Length, and Complexity», en *Frontiers in Psychology*, 2014.

Erlacher, D., Shredl, M., y Stumbrys, T., «Self-perceived Effects of Lucid Dreaming on Mental and Physical Health», en *International Journal of Dream Research*, 2020.

Fagiani, F., *et al.*, «The Circadian Molecular Machinery in CNS Cells: A Fine Tuner of Neuronal and Glial Activity with Space/Time Resolution», en *Frontiers in Molecular Neuroscience*, 1 de julio de 2022.

Fan, F., *et al.*, «Development of the Default-mode Network during Childhood and Adolescence: A Longitudinal Resting-state fMRI Study», en *NeuroImage*, 2021.

Fazekas, P., Nanay, B., y Pearson, J., «Offline Perception: An Introduction», en *Philosophical Transactions of the Royal Society*, 28 de octubre de 2020.

Fell, J., *et al.*, «Human Memory Formation Is Accompanied by Rhinal-Hippocampal Coupling and Decoupling», en *Nature Neuroscience*, diciembre de 2001.

Fennig, S., Salganik, E., y Chayat, M., «Psychotic Episodes and Nightmares: A Case Study», en *The Journal of Nervous and Mental Disease*, enero de 1992.

Fenwick, P., *et al.*, «Lucid Dreaming: Correspondence between Dreamed and Actual Events in One Subject during REM Sleep», en *Biological Psychology*, 1984.

Fernández-Baca Vaca, G., *et al.*, «Mirth and Laughter Elicited during Brain Stimulation», en *Epileptic Disorders*, 2011.

Fireman, G. D., Levin, R., y Pope, A. W., «Narrative Qualities of Bad Dreams and Nightmares», en *Dreaming*, 2014.

Fogel, S. M., *et al.*, «A Novel Approach to Dream Content Analysis Reveals Links between Learning-related Dream Incorporation and Cognitive Abilities», en *Frontiers in Psychology*, 8 de agosto de 2018.

Fogli, A., Aiello, L. M., y Quercia, D., «Our Dreams, Our Selves: Automatic Analysis of Dream Reports», en *Royal Society Open Science*, 26 de agosto de 2020.

Foulkes, D., «Sleep and Dreams. Dream Research: 1953-1993», en *Sleep*, 1996.

Foulkes, D., *et al.*, «REM Dreaming and Cognitive Skills at Age 5-8: A Cross-sectional Study», en *International Journal of Behavioral Development*, 1990.

Fox, K. C. R., Andrews-Hanna, J. R., y Christoff, K., «The Neurobiology of Self-generated Thought from Cells to Systems: Integrating Evidence from Lesion Studies, Human Intracranial Electrophysiology, Neurochemistry, and Neuroendocrinology», en *Neuroscience*, 2016.

Fox, K. C. R., *et al.*, «Changes in Subjective Experience Elicited by Direct Stimulation of the Human Orbitofrontal Cortex», en *Neurology*, 19 de septiembre de 2018.

Fox, K. C. R., *et al.*, «Dreaming as Mind Wandering: Evidence from Functional Neuroimaging and First-person Content Reports», en *Frontiers in Human Neuroscience*, 30 de julio de 2013.

Fox, K. C. R., *et al.*, «Intrinsic Network Architecture Predicts the Effects Elicited by Intracranial Electrical Stimulation of the Human Brain», en *Nature Human Behaviour*, octubre de 2020.

Fränkl, E., *et al.*, «How Our Dreams Changed during the COVID-19 Pandemic: Effects and Correlates of Dream Recall Frequency. A Multinational Study on 19355 Adults», en *Nature and Science of Sleep*, 2021.

Frick, A., Hansen, M., y Newcombe, N. S., «Development of Mental Rotation in 3-to 5-year-old Children», en *Cognitive Development*, 2013.

Fried, I., *et al.*, «Electric Current Stimulates Laughter», en *Nature*, febrero de 12, 1998.

Fried, I., MacDonald, K. A., y Wilson, C. L., «Single Neuron Activity in Human Hippocampus and Amygdala during Recognition of Faces and Objects», en *Neuron*, mayo de 1997.

Fröhlich, F., Sellers, K. K., y Cordle, A. L, «Targeting the Neurophysiology of Cognitive Systems with Transcranial Alternating Current Stimulation», en *Expert Review of Neurotherapeutics*, 30 de diciembre de 2014.

Fulford, J., *et al.*, «The Neural Correlates of Visual Imagery Vividness—An fMRI Study and Literature Review», en *Cortex*, 2018.

Funkhouser, A., «Dreams and Dreaming among the Elderly: An Overview», en *Aging and Mental Health*, junio de 2010.

Garcia, O., *et al.*, «What Goes Around Comes Around: Nightmares and Daily Stress Are Bidirectionally Associated in Nurses», en *Stress and Health*, 2021.

Gauchat, A., *et al.*, «The Content of Recurrent Dreams in Young Adolescents», en *Consciousness and Cognition*, diciembre de 2015.

Georgiadis, J. R., y Kringelbach, M. L., «The Human Sexual Response Cycle: Brain Imaging Evidence Linking Sex to Other Pleasures», en *Progress in Neurobiology*, 2012.

Gerrans, P., «Dream Experience and a Revisionist Account of Delusions of Misidentification», en *Consciousness and Cognition*, 2012.

Gerrans, P., «Pathologies of Hyperfamiliarity in Dreams, Delusions, and Déjà Vu», en *Frontiers in Psychology*, 20 de febrero de 2014.

Gieselmann, A., *et al.*, «Aetiology and Treatment of Nightmare Disorder: State of the Art and Future Perspectives», en *Journal of Sleep Research*, 22 de noviembre de 2018.

Giordano, A., *et al.*, «Body Schema Self-awareness and Related Dream Content Modifications in Amputees Due to Cancer», en *Brain Sciences*, 9 de diciembre de 2021.

Giordano, A., *et al.*, «Dream Content Changes in Women After Mastectomy: An Initial Study of Body Imagery after Body-disfiguring Surgery», en *Dreaming*, 2012.

Glasser, M. F., *et al.*, «A Multi-modal Parcellation of Human Cerebral Cortex», en *Nature*, 11 de agosto de 2016.

Gofton, T. E., *et al.*, «Cerebral Cortical Activity after Withdrawal of Life-sustaining Measures in Critically Ill Patients», en *American Journal of Transplantation*, 13 de julio de 2022.

Golden, R., *et al.*, «Representation of Memories in an Abstract Synaptic Space and Its Evolution with and without Sleep», en *PLOS Computational Biology*, 2022.

Golden, R., *et al.*, «Sleep Prevents Catastrophic Forgetting in Spiking Neural Networks by Forming a Joint Synaptic Weight Representation», en *PLOS Computational Biology*, 2022.

Gomes, M. M., y Nardi, A. E., «Charles Dickens' Hypnagogia, Dreams, and Creativity», en *Frontiers in Psychology*, 27 de julio de 2021.

Gorgoni, M., *et al.*, «Pandemic Dreams: Quantitative and Qualitative Features of the Oneiric Activity during the Lockdown Due to COVID-19 in Italy», en *Sleep Medicine*, mayo de 2021.

Gott, J., *et al.*, «Sleep Fragmentation and Lucid Dreaming», en *Consciousness and Cognition*, 2020.

Gott, J., *et al.*, «Virtual Reality Training of Lucid Dreaming», en *Philosophical Transactions of the Royal Society*, 13 de julio de 2020.

Gottesmann, C., «The Development of the Science of Dreaming», en *International Review of Neurobiology*, 2010.

Gottesmann, C., «To What Extent Do Neurobiological Sleep-waking Processes Support Psychoanalysis?», en *International Review of Neurobiology*, 2010.

Goyal, S., *et al.*, «Drugs and Dreams», en *Indian Journal of Clinical Practice*, mayo de 2011.

Greenberg, D. L., y Knowlton, B. J., «The Role of Visual Imagery in Autobiographical Memory», en *Memory & Cognition*, 2014.

Gregor, T., «A Content Analysis of Mehinaku Dreams», en *Ethos*, 1981.

Griffith, R. M., Miyagi, O., y Tago, A., «The Universality of Typical Dreams: Japanese vs. Americans», en *American Anthropologist*, diciembre de 1958.

Grover, S., y Mehra, A., «Incubus Syndrome: A Case Series and Review of Literature», en *Indian Journal of Psychological Medicine*, 2018.

Guillory, S. A., y Bujarski, Krzysztof A., «Exploring Emotions Using Invasive Methods: Review of 60 Years of Human Intracranial Electrophysiology», en *Scan*, 2014.

Gulyás, E., *et al.*, «Visual Imagery Vividness Declines across the Lifespan», en *Cortex*, 2022.

Hall, C. S., «Diagnosing Personality by the Analysis of Dreams», en *The Journal of Abnormal and Social Psychology*, 1947.

Hall, C. S., «What People Dream About», en *Scientific American*, mayo de 1951.

Hansen, K., *et al.*, «Efficacy of Psychological Interventions Aiming to Reduce Chronic Nightmares: A Meta-analysis», en *Clinical Psychology Review*, febrero de 2013.

Harris, K. D., y Thiele, A., «Cortical State and Attention», en *Nature Reviews Neuroscience*, septiembre de 2011.

Hartmann, E., «Making Connections in a Safe Place: Is Dreaming Psychotherapy?», en *Dreaming*, 1995.

Hartmann, E., «Nightmare after Trauma as Paradigm for All Dreams: A New Approach to the Nature and Functions of Dreaming», en *Psychiatry*, 1998.

Hartmann, E., «The Underlying Emotion and the Dream: Relating Dream Imagery to the Dreamer's Underlying Emotion Can Help Elucidate the Nature of Dreaming», en *International Review of Neurobiology*, 2010.

Hartmann, E., *et al.*, «Who Has Nightmares? The Personality of the Lifelong Nightmare Sufferer», en *Archives of General Psychiatry*, 1987.

Hawkins, G. E., *et al.*, «Toward a Model-based Cognitive Neuroscience of Mind Wandering», en *Neuroscience*, 2015.

Heather-Greener, G. Q., Comstock, D., y Joyce, R., «An Investigation of the Manifest Dream Content Associated with Migraine Headaches: A Study of the Dreams That Precede Nocturnal Migraines», en *Psychotherapy and Psychosomatics*, 1996.

Hefez, A., Metz, L., y Lavie, P., «Long-term Effects of Extreme Situational Stress on Sleep and Dreaming», en *American Journal of Psychiatry*, 1987.

Herlin, B., *et al.*, «Evidence that Non-dreamers Do Dream: A REM Sleep Behaviour Disorder Model», en *Journal of Sleep Research*, 2015.

Hertenstein, M. J., *et al.*, «Touch Communicates Distinct Emotions», en *Emotion*, 2006.

Hirst, M., «Dreams and Medicines: The Perspective of Xhosa Diviners and Novices in the Eastern Cape, South Africa», en *Indo-Pacific Journal of Phenomenology*, diciembre de 2005.

Hobson, A., y Kahn, D., «Dream Content: Individual and Generic Aspects», en *Consciousness and Cognition*, diciembre de 2007.

Holzinger, B., Saletu, B., y Klösch, G., «Cognitions in Sleep: Lucid Dreaming as an Intervention for Nightmares in Patients with Posttraumatic Stress Disorder», en *Frontiers in Psychology*, 2020.

Hong, C. C.-H., *et al.*, «Rapid Eye Movements in Sleep Furnish a Unique Probe into Consciousness», en *Frontiers in Psychology*, 31 de octubre de 2018.

Hong, C. C.-H, Fallon, J. H, y Friston, K. J., «fMRI Evidence for Default Mode Network Deactivation Associated with Rapid Eye Movements in Sleep», en *Brain Sciences*, 2021.

Horikawa, T., *et al.*, «Neural Decoding of Visual Imagery during Sleep», en *Science*, 2013.

Hornung, O. P., «The Relationship between REM Sleep and Memory Consolidation in Old Age and Effects of Cholinergic Medication», en *Biological Psychiatry*, 2007.

Horton, C. L., «Key Concepts in Dream Research: Cognition and Consciousness Are Inherently Linked but Do No Not Control "Control"!», en *Frontiers in Human Neuroscience*, 17 de julio de 2020.

Horváth, G., «Visual Imagination and the Narrative Image: Parallelisms between Art History and Neuroscience», en *Cortex*, 2018.

Hoss, R. J., «Content Analysis on the Potential Significance of Color in Dreams: A Preliminary Investigation», en *International Journal of Dream Research*, 2010.

Hossain, S. R., Simner, J., y Ipser, A., «Personality Predicts the Vibrancy of Colour Imagery: The Case of Synaesthesia», en *Cortex*, 2018.

Inman, C. S., *et al.*, «Human Amygdala Stimulation Effects on Emotion Physiology and Emotional Experience», en *Neuropsychologia*, 2020.

Iorio, I., Sommantico, Massimiliano, and Parrello, Santa, «Dreaming in the Time of COVID-19: A Quali-quantitative Italian Study», en *Dreaming*, 2020.

Jacobs, C., Schwarzkopf, D. S., y Silvanto, J., «Visual Working Memory Performance in Aphantasia», en *Cortex*, 2018.

Jafari, E., *et al.*, «Intensified Electrical Stimulation Targeting Lateral and Medial Prefrontal Cortices for the Treatment of Social Anxiety Disorder: A Randomized, Double-blind, Parallel-group, Dose-comparison Study», en *Brain Stimulation*, 2021.

Jalal, B., «How to Make the Ghosts in My Bedroom Disappear? Focused-attention Meditation Combined with Muscle Relaxation (MR Therapy)—A Direct Treatment Intervention for Sleep Paralysis», en *Frontiers in Psychology*, 2016.

Jalal, B., «"Men Fear Most What They Cannot See." Sleep Paralysis "Ghost Intruders" and Faceless "Shadow-people"—The Role of the Right Hemisphere and Economizing Nature of Vision», en *Medical Hypotheses*, 2021.

Jalal, B., «The Neuropharmacology of Sleep Paralysis Hallucinations: Serotonin 2A Activation and a Novel Therapeutic Drug», en *Psychopharmacology*, 2018.

Jalal, B., y Hinton, D. E., «Rates and Characteristics of Sleep Paralysis in the General Population of Denmark and Egypt», en *Culture, Medicine and Psychiatry*, 2013.

Jalal, B., y Ramachandran, V. S., «Sleep Paralysis and "the Bedroom Intruder": The Role of the Right Superior Parietal, Phantom Pain and Body Image Projection», en *Medical Hypotheses*, 2014.

Jalal, B., Romanelli, A., y Hinton, D. E., «Cultural Explanations of Sleep Paralysis in Italy: The Pandafeche Attack and Associated Supernatural Beliefs», en *Culture, Medicine and Psychiatry*, marzo de 2015.

James, E. L., *et al.*, «Computer Game Play Reduces Intrusive Memories of Experimental Trauma via Reconsolidation-update Mechanisms», en *Psychological Science*, 2015.

Janssen, D. F., «First Stirrings: Cultural Notes on Orgasm, Ejaculation, and Wet Dreams», en *Journal of Sex Research*, 2007.

Janszky, J., *et al.*, «Orgasmic Aura—A Report of Seven Cases», en *Seizure*, 2004.

Jensen, O., Kaiser, J., y Lachaux, J.-P., «Human Gamma-frequency Oscillations Associated with Attention and Memory», en *Trends in Neurosciences*, 2007.

Jiang, Y., *et al.*, «A Gender-and Sexual Orientation-dependent Spatial Attentional Effect of Invisible Images», en *Proceedings of the National Academy of Sciences*, 7 de noviembre de 2006.

Johnson, E. L., *et al.*, «Direct Brain Recordings Reveal Prefrontal Cortex Dynamics of Memory Development», en *Scientific Advances*, 2018.

Jun, J.-S., *et al.*, «Emotional and Environmental Factors Aggravating Dream Enactment Behaviors in Patients with Isolated REM Sleep Behavior Disorder», en *Nature and Science of Sleep*, 24 de septiembre de 2022.

Jus, A., *et al.*, «Studies on Dream Recall in Chronic Schizophrenic Patients after Frontal Lobotomy», en *Biological Psychiatry*, 1973.

Kahn, D., «Brain Basis of Self: Self-organization and Lessons from Dreaming», en *Frontiers in Psychology*, 16 de julio de 2013.

Kahn, D., «Reactions to Dream Content: Continuity and Non-continuity», en *Frontiers in Psychology*, 3 de diciembre de 2019.

Kahn, D., y Gover, T., «Consciousness in Dreams», en *International Review of Neurobiology*, 2010.

Kahn, D., y Hobson, A., «Theory of Mind in Dreaming: Awareness of Feelings and Thoughts of Others in Dreams», en *Dreaming*, 2005.

Kam, J. W. Y., Mittner, M., y Knight, R. T., «Mind-wandering: Mechanistic Insights from Lesion, tDCS, and iEEG», en *Trends in Cognitive Sciences*, marzo de 2022.

Kay, K., y Frank, L. M., «Three Brain States in the Hippocampus and Cortex», en *Hippocampus*, 2019.

Kellermann, N. P. F., «Epigenetic Transmission of Holocaust Trauma: Can Nightmares Be Inherited?», en *Israel Journal of Psychiatry and Related Sciences*, 2013.

Keogh, R., y Pearson, J., «The Blind Mind: No Sensory Visual Imagery in Aphantasia», en *Cortex*, 2018.

Khambhati, A. N., *et al.*, «Functional Control of Electrophysiological Network Architecture Using Direct Neurostimulation in Humans», en *Network Neuroscience*, 14 de abril de 2019.

King, D. B., DeCicco, T. L., y Humphreys, T. P., «Investigating Sexual Dream Imagery in Relation to Daytime Sexual Behaviours and Fantasies among Canadian University Students», en *The Canadian Journal of Human Sexuality*, 2009.

Kirmayer, L. J., «Nightmares, Neurophenomenology and the Cultural Logic of Trauma», en *Culture, Medicine and Psychiatry*, 2016.

Kleitman, N., «Patterns of Dreaming», en *Scientific American*, 1960.

Komar, S., «Insomniac Technologies: Sleep Wearables Ensure That You Are Never Really at Rest», en *Real Life*, 21 de abril de 2022.

König, N., y Schredl, M., «Music in Dreams: A Diary Study», en *Psychology of Music*, 2021.

Köthe, M., y Pietrowsky, R., «Behavioral Effects of Nightmares and Their Correlations to Personality Patterns», en *Dreaming*, 2001.

Koutroumanidis, M., *et al.*, «Tooth Brushing—induced Seizures: A Case Report», en *Epilepsia*, 2001.

Krakow, B., y Zadra, A., «Clinical Management of Chronic Nightmares: Imagery Rehearsal Therapy», en *Behavioral Sleep Medicine*, 2006.

Krakow, B., *et al.*, «Nightmare Frequency in Sexual Assault Survivors with PTSD», en *Journal of Anxiety Disorders*, 2002.

Krishnan, D., «Orchestration of Dreams: A Possible Tool for Enhancement of Mental Productivity and Efficiency», en *Sleep and Biological Rhythms*, enero de 2021.

Krone, L., *et al.*, «Top-down Control of Arousal and Sleep: Fundamentals and Clinical Implications», en *Sleep Medicine Reviews*, 2017.

Kroth, J., *et al.*, «Dream Characteristics of Stockbrokers after a Major Market Downturn», en *Psychological Reports*, 2002.

Kroth, J., *et al.*, «Dream Reports and Marital Satisfaction», en *Psychological Reports*, 2005.

Kruger, T. B., *et al.*, «Using Deliberate Mind-wandering to Escape Negative Mood States: Implications for Gambling to Escape», en *Journal of Behavioral Addictions*, 2 octubre de 2020.

Ku, J., *et al.*, «Brain Mechanisms Involved in Processing Unreal Perceptions», en *NeuroImage*, 2008.

Kumar, S., Soren, S., y Chaudhury, S., «Hallucinations: Etiology and Clinical Implications», en *Industrial Psychiatry Journal*, 2009.

Kunze, A. E., Arntz, A., y Kindt, M., «Fear Conditioning with Film Clips: A Complex Associative Learning Paradigm», en *Journal of Behavior Therapy and Experimental Psychiatry*, 2015.

Kunze, A. E., *et al.*, «Efficacy of Imagery Rescripting and Imaginal Exposure for Nightmares: A Randomized Wait-list Controlled Trial», en *Behaviour Research and Therapy*, 2017.

Kussé, C., *et al.*, «Neuroimaging of Dreaming: State of the Art and Limitations», en *International Review of Neurobiology*, 2010.

Kuzmičová, A., «Presence in the Reading of Literary Narrative: A Case for Motor Enactment», en *Semiotica*, 2011.

LaBerge, S., Baird, B., y Zimbardo, P. G., «Smooth Tracking of Visual Targets Distinguishes Lucid REM Sleep Dreaming and Waking Perception from Imagination», en *Nature Communications*, 2018.

Lai, G., *et al.*, «Acute Effects and the Dreamy State Evoked by Deep Brain Electrical Stimulation of the Amygdala: Associations of the Amygdala in Human Dreaming, Consciousness, Emotions, and Creativity», en *Frontiers in Human Neuroscience*, 25 de febrero de 2020.

Lakoff, G., «How Metaphor Structures Dreams: The Theory of Conceptual Metaphor Applied to Dream Analysis», en *Dreaming*, 1993.

Lamberg, L., «Scientists Never Dreamed Finding Would Shape a Half-century of Sleep Research», en *JAMA*, 2003.

Lancee, J., Spoormaker, V. I., y Van den Bout, J., «Nightmare Frequency Is Associated with Subjective Sleep Quality but Not with Psychopathology», en *Sleep and Biological Rhythms*, 2010.

Lancee, J., *et al.*, «A Systematic Review of Cognitive-behavioral Treatment for Nightmares: Toward a Well-established Treatment», en *Journal of Clinical Sleep Medicine*, 2008.

Landin-Romero, R., *et al.*, «How Does Eye Movement Desensitization and Reprocessing Therapy Work? A Systematic Review on Suggested Mechanisms of Action», en *Frontiers in Psychology*, 13 de agosto de 2018.

Lansky, M. R., «Nightmares of a Hospitalized Rape Victim», en *Bulletin of the Menninger Clinic*, invierno de 1995.

Lara-Carrasco, J., *et al.*, «Overnight Emotional Adaptation to Negative Stimuli Is Altered by REM Sleep Deprivation and Is Correlated with Intervening Dream Emotions», en *Journal of Sleep Research*, 2009.

Lavie, P., *et al.*, «Localized Pontine Lesion: Nearly Total Absence of REM Sleep», en *Neurology*, enero de 1984.

Leary, E. B., *et al.*, «Association of Rapid Eye Movement Sleep with Mortality in Middle-aged and Older Adults», en *JAMA Neurology*, 6 de julio de 2020.

Lee, S.-H., y Dan, Y., «Neuromodulation of Brain States», en *Neuron*, 4 de octubre de 2012.

Lee, U., *et al.*, «Disruption of Frontal–Parietal Communication by Ketamine, Propofol, and Sevoflurane», en *Anesthesiology*, 2013.

Leung, A. K. C., y Robson, W. L. M., «Nightmares», en *Journal of the American Medical Association*, 1993.

Levin, R., y Nielsen, T., «Nightmares, Bad Dreams, and Emotion Dysregulation: A Review and New Neurocognitive Model of Dreaming», en *Current Directions in Psychological Science*, 2009.

Levin, R., y Nielsen, T., «Disturbed Dreaming, Posttraumatic Stress Disorder, and Affect Distress: A Review and Neurocognitive Model», en *Psychological Bulletin*, 2007.

Lewis, J. E., «Dream Reports of Animal Rights Activists», en *Dreaming*, 2008.

Li, Y., *et al.*, «Neural Substrates of External and Internal Visual Sensations Induced by Human Intracranial Electrical Stimulation», en *Frontiers in Neuroscience*, julio de 2022.

Liddon, S. C., «Sleep Paralysis and Hypnagogic Hallucinations: Their Relationship to the Nightmare», en *Archives of General Psychiatry*, 1967.

Lima, S. Q., «Genital Cortex: Development of the Genital Homunculus», en *Current Biology*, 2019.

Litz, B. T., *et al.*, «Predictors of Emotional Numbing in Posttraumatic Stress Disorder», en *Journal of Traumatic Stress*, 1997.

Liu, S., *et al.*, «Brain Activity and Connectivity during Poetry Composition: Toward a Multidimensional Model of the Creative Process», en *Human Brain Mapping*, 26 de mayo de 2015.

Liu, X., *et al.*, «Nightmares Are Associated with Future Suicide Attempt and Non-suicidal Self-injury in Adolescents», en *Journal of Clinical Psychiatry*, 2019.

Livezey, J., Oliver, T., y Cantilena, L., «Prolonged Neuropsychiatric Symptoms in a Military Service Member Exposed to Mefloquine», en *Drug Safety Case Reports*, 2016.

Llewellyn, S., «Crossing the Invisible Line: De-differentiation of Wake, Sleep and Dreaming May Engender Both Creative Insight and Psychopathology», en *Consciousness and Cognition*, 2016.

Llewellyn, S., «Dream to Predict? REM Dreaming as Prospective Coding», en *Frontiers in Psychology*, 5 de enero de 2016.

Llewellyn, S., y Desseilles, M., «Editorial: Do Both Psychopathology and Creativity Result from a Labile Wake-Sleep-Dream Cycle», en *Frontiers in Psychology*, 20 de octubre de 2017.

Lortie-Lussier, M., Schwab, C., y De Koninck, J., «Working Mothers versus Homemakers: Do Dreams Reflect the Changing Roles of Women?», en *Sex Roles*, mayo de 1985.

Lusignan, F.-A., *et al.*, «Dream Content in Chronically-treated Persons with Schizophrenia», en *Schizophrenia Research*, 2009.

MacKay, C., y DeCicco, T. L., «Pandemic Dreaming: The Effect of COVID-19 on Dream Imagery, a Pilot Study», en *Dreaming*, 2020.

MacKisack, M., «Painter and Scribe: From Model of Mind to Cognitive Strategy», en *Cortex*, 2018.

Maggiolini, A., *et al.*, «Typical Dreams across the Life Cycle», en International *Journal of Dream Research*, 2020.

Magidov, E., *et al.*, «Near- total Absence of REM Sleep Co-occurring with Normal Cognition: An Update of the 1984 Paper», en *Sleep Medicine*, 2018.

Mahowald, M. W., y Schenck, C. H., «Insights from Studying Human Sleep Disorders», en *Nature*, 27 de octubre de 2005.

Mainieri, G., *et al.*, «Are Sleep Paralysis and False Awakenings Different from REM Sleep and from Lucid REM Sleep? A Spectral EEG Analysis», en *Journal of Clinical Sleep Medicine*, 1 de abril de 2021.

Mallett, R., «Partial Memory Reinstatement while (Lucid) Dreaming to Change the Dream Environment», en *Consciousness and Cognition*, 2020.

Manni, R., y Terzaghi, M., «Dreaming and Enacting Dreams in Nonrapid Eye Movement and Rapid Eye Movement Parasomnia: A Step Toward a Unifying View within Distinct Patterns?», en *Sleep Medicine*, 2013.

Manni, R., *et al.*, «Hallucinations and REM Sleep Behaviour Disorder in Parkinson's Disease: Dream Imagery Intrusions and Other Hypotheses», en *Consciousness and Cognition*, 2011.

Maquet, P., «The Role of Sleep in Learning and Memory», en *Science*, 2001.

Maquet, P., *et al.*, «Functional Neuroanatomy of Human Rapid-eye-movement Sleep and Dreaming», en *Nature*, 1 de septiembre de 1996.

Marinelli, L., «Screening Wish Theories: Dream Psychologies and Early Cinema», en *Science in Context*, 2006.

Mason, M. F., *et al.*, «Wandering Minds: The Default Network and Stimulus-independent Thought», en *Science*, 19 de enero de 2007.

McCaig, R. G., *et al.*, «Improved Modulation of Rostrolateral Prefrontal Cortex Using Real-time fMRI Training and Meta-cognitive Awareness», en *NeuroImage*, 2011.

McCormick, C., *et al.*, «Mind-wandering in People with Hippocampal Damage», en *The Journal of Neuroscience*, 14 de marzo de 2018.

McCormick, L., *et al.*, «REM Sleep Dream Mentation in Right Hemispherectomized Patients», en *Neuropsychologia*, 1997.

McKiernan, K. A., *et al.*, «Interrupting the "Stream of Consciousness": An fMRI Investigation", en *NeuroImage*, 2006.

McNally, R. J., y Clancy, S. A., «Sleep Paralysis, Sexual Abuse, and Space Alien Abduction», en *Transcultural Psychiatry*, marzo de 2005.

McNamara, P., *et al.*, «Impact of REM Sleep on Distortions of Self-concept, Mood and Memory in Depressed/Anxious Participants», en *Journal of Affective Disorders*, 2010.

Melzack, R., «Phantom Limbs, the Self and the Brain», en *Canadian Psychology*, 1989.

Mevel, K., *et al.*, «The Default Mode Network in Healthy Aging and Alzheimer's Disease», en *International Journal of Alzheimer's Disease*, 2011.

Michels, L., *et al.*, «The Somatosensory Representation of the Human Clitoris: An fMRI Study», en *NeuroImage*, 2010.

Mikulincer, M., Shaver, P. R., y Avihou-Kanza, N., «Individual Differences in Adult Attachment Are Systematically Related to Dream Narratives», en *Attachment & Human Development*, 2011.

Mills, C., *et al.*, «Is an Off-task Mind a Freely-moving Mind? Examining the Relationship between Different Dimensions of Thought», en *Consciousness and Cognition*, 2018.

Molendijk, M. L., *et al.*, «Prevalence Rates of the Incubus Phenomenon: A Systematic Review and Meta-analysis», en *Frontiers in Psychiatry*, 24 de noviembre de 2017.

Morewedge, C. K., y Norton, M. I., «When Dreaming Is Believing: The (Motivated) Interpretation of Dreams», en *Journal of Personality and Social Psychology*, 2009.

Mota, N. B., *et al.*, «Graph Analysis of Dream Reports Is Especially Informative about Psychosis», en *Scientific Reports*, 15 de enero de 2014.

Mota, N. B., *et al.*, «Dreaming during the Covid-19 Pandemic: Computational Assessment of Dream Reports Reveals Mental Suffering Related to Fear of Contagion», en PLOS One, 30 de noviembre de 2020.

Mota-Rolim, S. A., y Araujo, J. F., «Neurobiology and Clinical Implications of Lucid Dreaming», en *Medical Hypotheses*, 2013.

Mota- Rolim, S. A., De Almondes, K. M., y Kirov, R., «Editorial: "Is this a Dream?". Evolutionary, Neurobiological and Psychopathological Perspectives on Lucid Dreaming», en *Frontiers in Psychology*, 2021.

Mota-Rolim, S. A., *et al.*, «Different Kinds of Subjective Experience during Lucid Dreaming May Have Different Neural Substrates», en *International Journal of Dream Research*, 2010.

Mota-Rolim, S. A., *et al.*, «Portable Devices to Induce Lucid Dreaming. Are They Reliable?», en *Frontiers in Neuroscience*, 8 de mayo de 2019.

Mota- Rolim, S. A., *et al.*, «The Dream of God: How Do Religion and Science See Lucid Dreaming and Other Conscious States during Sleep?», en *Frontiers in Psychology*, 6 de octubre de 2020.

Moulton, S. T., y Kosslyn, S. M., «Imagining Predictions: Mental Imagery as Mental Emulation», en *Philosophical Transactions of the Royal Society*, 2008.

Moyne, M., *et al.*, «Brain Reactivity to Emotion Persists in NREM Sleep and Is Associated with Individual Dream Recall», en *Cerebral Cortex Communications*, 2022.

Mukamel, R., y Fried, I., «Human Intracranial Recordings and Cognitive Neuroscience», en *Annual Review of Psychology*, 2012.

Mullally, S. L., y Maguire, E. A., «Memory, Imagination, and Predicting the Future: A Common Brain Mechanism?», en *The Neuroscientist*, 2014.

Muret, D., *et al.*, «Beyond Body Maps: Information Content of Specific Body Parts Is Distributed across the Somatosensory Homunculus», en *Cell Reports*, 2022.

Murzyn, E., «Do We Only Dream in Colour? A Comparison of Reported Dream Colour in Younger and Older Adults with Different Experiences of Black and White Media», en *Consciousness and Cognition*, 2008.

Musse, F. C. C., *et al.*, «Mental Violence: The COVID-19 Nightmare», en *Frontiers in Psychiatry*, 30 de octubre de 2020.

Nagy, T., *et al.*, «Frequent Nightmares Are Associated with Blunted Cortisol Awakening Response in Women», en *Physiology & Behavior*, 2015.

Naiman, R., «Dreamless: The Silent Epidemic of REM Sleep Loss», en *Annals of the New York Academy of Sciences*, 15 de agosto de 2017.

Najam, N., *et al.*, «Dream Content: Reflections of the Emotional and Psychological States of Earthquake Survivors», en *Dreaming*, 2006.

Nanay, B., «Multimodal Mental Imagery», en *Cortex*, 2018.

Nathan, R. J., Rose-Itkoff, C., y Lord, G., «Dreams, First Memories, and Brain Atrophy in the Elderly», en *Hillside Journal of Clinical Psychiatry*, 1981.

Neimeyer, R. A., Torres, C., y Smith, D. C., «The Virtual Dream: Rewriting Stories of Loss and Grief», en *Death Studies*, 2011.

Nemeth, G., «The Route to Recall a Dream: Theoretical Considerations and Methodological Implications», en *Psychological Research*, 12 de agosto de 2022.

Nevin, R. L., «A Serious Nightmare: Psychiatric and Neurologic Adverse Reactions to Mefloquine Are Serious Adverse Reactions», en *Pharmacology Research & Perspectives*, 5 de junio de 2017.

Nevin, R. L., y Ritchie, E. C., «FDA Black Box, VA Red Ink? A Successful Service-connected Disability Claim for Chronic Neuropsychiatric Adverse Effects from Mefloquine», en *Federal Practitioner*, 2016.

Nicolas, A., y Ruby, P. M., «Dreams, Sleep and Psychotropic Drugs», en Frontiers in *Neurology*, 5 de noviembre de 2020.

Nielsen, T., «Nightmares Associated with the Eveningness Chronotype», en *Journal of Biological Rhythms*, febrero de 2010.

Nielsen, T., «The Stress Acceleration Hypothesis of Nightmares», en *Frontiers in Neurology*, 1 de junio de 2017.

Nielsen, T., y Levin, R., «Nightmares: A New Neurocognitive Model», en *Sleep Medicine Reviews*, 2007.

Nielsen, T., y Paquette, T., «Dream-associated Behaviors Affecting Pregnant and Postpartum Women», en *Sleep*, 2007.

Nielsen, T., y Powell, R. A., «Dreams of the Rarebit Fiend: Food and Diet as Instigators of Bizarre and Disturbing Dreams», en *Frontiers in Psychology*, 17 de febrero de 2015.

Nielsen, T., *et al.*, «Immediate and Delayed Incorporations of Events into Dreams: Further Replication and Implications for Dream Function», en *Journal of Sleep Research*, 2004.

Nielsen, T., *et al.*, «REM Sleep Characteristics of Nightmare Sufferers before and after REM Sleep Deprivation», en *Sleep Medicine*, 2010.

Nir, Y., y Tononi, G., «Dreaming and the Brain: From Phenomenology to Neurophysiology», en *Trends in Cognitive Sciences*, 2010.

Nummenmaa, L., *et al.*, «Topography of Human Erogenous Zones», en *Archives of Sexual Behavior*, 2016.

Nunn, C. L., y Samson, D. R., «Sleep in a Comparative Context: Investigating How Human Sleep Differs from Sleep in Other Primates», en *American Journal of Physical Anthropology*, 14 de febrero de 2018.

O'Callaghan, C., Walpola, I. C., y Shine, J. M., «Neuromodulation of the Mind-wandering Brain State: The Interaction between Neuromodulatory Tone, Sharp Wave-ripples and Spontaneous Thought», en *Philosophical Transactions of the Royal Society*, 14 de diciembre de 2020.

Occhionero, M., y Cicogna, P. C., «Autoscopic Phenomena and One's Own Body Representation in Dreams», en *Consciousness and Cognition*, 2011.

O'Connor, A. M., y Evans, A. D., «The Role of Theory of Mind and Social Skills in Predicting Children's Cheating», en *Journal of Experimental Child Psychology*, 2019.

O'Donnell, C., *et al.*, «The Role of Mental Imagery in Mood Amplification: An Investigation across Subclinical Features of Bipolar Disorders», en *Cortex*, 2018.

Olunu, E., *et al.*, «Sleep Paralysis, a Medical Condition with a Diverse Cultural Interpretation», en *International Journal of Applied and Basic Medical Research*, 2018.

Onians, J., «Art, the Visual Imagination and Neuroscience: The Chauvet Cave, Mona Lisa's Smile and Michelangelo's Terribilità», en *Cortex*, 2018.

Osorio-Forero, A., *et al.*, «When the Locus Coeruleus Speaks Up in Sleep: Recent Insights, Emerging Perspectives», en *International Journal of Molecular Sciences*, 2022.

Otaiku, A. I., «Distressing Dreams, Cognitive Decline, and Risk of Dementia: A Prospective Study of Three Population-based Cohorts», en *eClinicalMedicine*, 21 de septiembre de 2022.

Otaiku, A. I., «Distressing Dreams and Risk of Parkinson's Disease: A Population-based Cohort Study», en *eClinicalMedicine*, junio de 2022.

Otaiku, A. I., «Dream Content Predicts Motor and Cognitive Decline in Parkinson's Disease», en *Movement Disorders Clinical Practice*, 2021.

Oudiette, D., *et al.*, «Evidence for the Re-enactment of a Recently Learned Behavior during Sleepwalking», en *PLOS One*, marzo de 2011.

Owczarski, W., «Dreaming "the Unspeakable"? How the Auschwitz Concentration Camp Prisoners Experienced and Understood Their Dreams», en *Anthropology of Consciousness*, 2020.

Pace-Schott, E. F., «Dreaming as a Storytelling Instinct», en *Frontiers in Psychology*, 2 de abril de 2013.

Pace-Schott, E. F., *et al.*, «Effects of Post-exposure Naps on Exposure Therapy for Social Anxiety», en *Psychiatry Research*, 9 de octubre de 2018.

Pagel, J. F., «Post-Freudian PTSD: Breath, the Protector of Dreams», en *Journal of Clinical Sleep Medicine*, 15 de octubre de 2017.

Pagel, J. F., «What Physicians Need to Know about Dreams and Dreaming», en *Current Opinion in Pulmonary Medicine*, 2012.

Pagel, J. F., Kwiatkowski, C., y Broyles, K. E., «Dream Use in Film Making», en *Dreaming*, 1999.

Paiva, T., Bugalho, P., y Bentes, C., «Dreaming and Cognition in Patients with Frontotemporal Dysfunction», en *Consciousness and Cognition*, 2011.

Palermo, L., *et al.*, «Congenital Lack and Extraordinary Ability in Object and Spatial Imagery: An Investigation on Sub-types of Aphantasia and Hyperphantasia», en *Consciousness and Cognition*, 2022.

Paller, K. A., Creery, J. D., y Schechtman, E., «Memory and Sleep: How Sleep Cognition Can Change the Waking Mind for the Better», en *Annual Review of Psychology*, 2021.

Parvizi, J., «Corticocentric Myopia: Old Bias in New Cognitive Sciences», en *Trends in Cognitive Sciences*, 2009.

Pearson, J., «The Human Imagination: The Cognitive Neuroscience of Visual Mental Imagery», en *Nature Reviews Neuroscience*, octubre de 2019.

Pearson, J., y Westbrook, F., «Phantom Perception: Voluntary and Involuntary Nonretinal Vision», en *Trends in Cognitive Sciences*, mayo de 2015.

Peng, K., *et al.*, «Brodmann Area 10: Collating, Integrating and High Level Processing of Nociception and Pain», en *Progress in Neurobiology*, diciembre de 2017.

Perogamvros, L., *et al.*, «Sleep and Dreaming Are for Important Matters», en *Frontiers in Psychology*, 15 de julio de 2013.

Pesonen, A-K., *et al.*, «Pandemic Dreams: Network Analysis of Dream Content during the COVID-19 Lockdown», en *Frontiers in Psychology*, 1 de octubre de 2020.

Picard-Deland, C., *et al.*, «Flying Dreams Stimulated by an Immersive Virtual Reality Task», en *Consciousness and Cognition*, 2020.

Picard- Deland, C., *et al.*, «The Memory Sources of Dreams: Serial Awakenings across Sleep Stages and Time of Night», en *Sleep*, 3 de diciembre de 2022.

Picard-Deland, C., *et al.*, «Whole- body Procedural Learning Benefits from Targeted Memory Reactivation in REM Sleep and Task-related Dreaming», en *Neurobiology of Learning and Memory*, 2021.

Picchioni, D., *et al.*, «Nightmares as a Coping Mechanism for Stress», en *Dreaming*, 2002.

Plazzi, G., «Dante's Description of Narcolepsy», en *Sleep Medicine*, 2013

Postuma, R. B., *et al.*, «Antidepressants and REM Sleep Behavior Disorder: Isolated Side Effect or Neurodegenerative Signal?», en *Sleep*, 2013.

Prince, L. Y., y Richards, B. A., «The Overfitted Brain Hypothesis», en *Patterns*, 14 de mayo de 2021.

Puig, M. V., y Gulledge, A., «Serotonin and Prefrontal Cortex Function: Neurons, Networks, and Circuits», en *Molecular Neurobiology*, 2011.

Pyasik, M., *et al.*, «Shared Neurocognitive Mechanisms of Attenuating Self-touch and Illusory Self-touch», en *Social Cognitive and Affective Neuroscience*, 2019.

Radziun, D., y Ehrsson, H. H., «Short-term Visual Deprivation Boosts the Flexibility of Body Representation», en *Scientific Reports*, 19 de abril de 2018.

Raichle, M. E., *et al.*, «A Default Mode of Brain Function», en *Proceedings of the National Academy of Sciences*, 16 de enero de 2001.

Ramachandran, V. S., Rogers-Ramachandran, D., y Stewart, M., «Perceptual Correlates of Massive Cortical Reorganization», en *Science*, 13 de noviembre de 1992.

Ramezani, M., *et al.*, «The Impact of Brain Lesions on Sexual Dysfunction in Patients with Multiple Sclerosis: A Systematic Review of Magnetic Resonance Imaging Studies», en *Multiple Sclerosis and Related Disorders*, 31 de octubre de 2021.

Reid, S. D., y Simeon, D. T., «Progression of Dreams of Crack Cocaine Abusers as a Predictor of Treatment Outcome: A Preliminary Report», en *The Journal of Nervous and Mental Disease*, diciembre de 2001.

Resnick, J., *et al.*, «Self-representation and Bizarreness in Children's Dream Reports Collected in the Home Setting», en *Consciousness and Cognition*, marzo de 1994.

Revonsuo, A., «The Reinterpretation of Dreams: An Evolutionary Hypothesis of the Function of Dreaming», en *Behavioral and Brain Sciences*, 2000.

Rigon, A., *et al.*, «Traumatic Brain Injury and Creative Divergent Thinking», en *Brain Injury*, abril de 2020.

Rimsh, A., y Pietrowsky, R., «Analysis of Dream Contents of Patients with Anxiety Disorders and Their Comparison with Dreams of Healthy Participants», en *Dreaming*, 2021.

Riva, M. A., *et al.*, «The Neurologist in Dante's Inferno», en *European Neurology*, 22 de abril de 2015.

Rizzolatti, G., y Arbib, M., «Language within Our Grasp», en *Trends in Neuroscience*, 1998.

Rizzolatti, G., Fogassi, L., y Gallese, V., «Neurophysiological Mechanisms Underlying the Understanding and Imitation of Action», en *Nature Reviews Neuroscience*, septiembre de 2001.

Rosen, M. G., «How Bizarre? A Pluralist Approach to Dream Content», en *Consciousness and Cognition*, 2018.

Ruby, P., *et al.*, «Dynamics of Hippocampus and Orbitofrontal Cortex Activity during Arousing Reactions from Sleep: An Intracranial Electroencephalographic Study», en *Human Brain Mapping*, 2021.

Russell, K., *et al.*, «Sleep Problem, Suicide and Self- harm in University Students: A Systematic Review», en *Sleep Medicine Reviews*, 2019.

Sadavoy, J., «Survivors: A Review of the Late-life Effects of Prior Psychological Trauma», en *The American Journal of Geriatric Psychiatry*, 1997.

Sagnier, S., *et al.*, «Lucid Dreams, an Atypical Sleep Disturbance in Anterior and Mediodorsal Thalamic Strokes», en *Revue Neurologique*, 2015.

Sanders, K. E. G., *et al.*, «Corrigendum: Targeted Memory Reactivation during Sleep Improves Next-day Problem Solving», en *Psychological Science*, 2020.

Sándor, P., Szakadát, S., y Bódizs, R., «Ontogeny of Dreaming: A Review of Empirical Studies», en *Sleep Medicine Reviews*, 2014.

Sato, J. R., *et al.*, «Age Effects on the Default Mode and Control Networks in Typically Developing Children», en *Journal of Psychiatric Research*, 18 de julio de 2014.

Saunders, D. T., *et al.*, «Lucid Dreaming Incidence: A Quality Effects Meta-analysis of 50 Years of Research», en *Consciousness and Cognition*, 2016.

Sbarra, D. A., Hasselmo, K., y Bourassa, Kyle J., «Divorce and Health: Beyond Individual Differences», en *Current Directions in Psychological Science*, 2015.

Scarpelli, S., *et al.*, «Dreams and Nightmares during the First and Second Wave of the COVID-19 Infection: A Longitudinal Study», en *Brain Sciences*, 20 de octubre de 2021.

Scarpelli, S., *et al.*, «Investigation on Neurobiological Mechanisms of Dreaming in the New Decade», en *Brain Sciences*, 11 de febrero de 2021.

Scarpelli, S., *et al.*, «Nightmares in People with COVID-19: Did Coronavirus Infect Our Dreams?», en *Nature and Science of Sleep*, 24 de enero de 2022.

Scarpelli, S., *et al.*, «Predicting Dream Recall: EEG Activation during NREM Sleep or Shared Mechanisms with Wakefulness?», en *Brain Topography*, 22 de abril de 2017.

Scarpelli, S., *et al.*, «The Impact of the End of COVID Confinement on Pandemic Dreams, as Assessed by a Weekly Sleep Diary: A Longitudinal Investigation in Italy», en *Journal of Sleep Research*, 20 de julio de 2021.

Schädlich, M., y Erlacher, D., «Practicing Sports in Lucid Dreams. Characteristics, Effects, and Practical Implications», en *Current Issues in Sport Science*, 2018.

Schierenbeck, T., *et al.*, «Effect of Illicit Recreational Drugs Upon Sleep: Cocaine, Ecstasy and Marijuana», en *Sleep Medicine Reviews*, 2008.

Schott, G. D., «Penfield's Homunculus: A Note on Cerebral Cartography», en Journal of Neurology, *Neurosurgery and Psychiatry*, abril de 1993.

Schredl, M., «Characteristics and Contents of Dreams», en *International Review of Neurobiology*, 2010.

Schredl, M., «Dreams in Patients with Sleep Disorders», en *Sleep Medicine Reviews*, 2009.

Schredl, M., «Explaining the Gender Difference in Nightmare Frequency», en *The American Journal of Psychology*, 2014.

Schredl, M., «Nightmares as a Paradigm for Studying the Effects of Stressors», en *Sleep*, julio de 2013.

Schredl, M., «Nightmare Frequency and Nightmare Topics in a Representative German Sample», en *European Archives of Psychiatry and Clinical Neuroscience*, 2010.

Schredl, M., «Reminiscences of Love: Former Romantic Partners in Dreams», en *International Journal of Dream Research*, 2018.

Schredl, M., y Bulkeley, K., «Dreaming and the COVID-19 Pandemic: A Survey in a U.S. Sample», en *Dreaming*, 2020.

Schredl, M., y Erlacher, D., «Fever Dreams: An Online Study», en *Frontiers in Psychology*, 28 de enero de 2020.

Schredl, M., y Erlacher, D., «Relation between Waking Sport Activities, Reading, and Dream Content in Sport Students and Psychology Students», en *The Journal of Psychology*, 2008.

Schredl, M., y Göritz, A. S., «Nightmares, Chronotype, Urbanicity, and Personality: An Online Study», en *Clocks & Sleep*, 2020.

Schredl, M., y Göritz, A. S., «Nightmare Themes: An Online Study of Most Recent Nightmares and Childhood Nightmares», en *Journal of Clinical Sleep Medicine*, 15 de marzo de 2018.

Schredl, M., y Mathes, J., «Are Dreams of Killing Someone Related to Waking-life Aggression?», en *Dreaming*, septiembre de 2014.

Schredl, M., y Reinhard, I., «Gender Differences in Nightmare Frequency: A Meta- analysis», en *Sleep Medicine Reviews*, 2011.

Schredl, M., y Wood, L., «Partners and Ex-partners in Dreams: A Diary Study», en *Clocks & Sleep*, 26 de mayo de 2021.

Schredl, M., *et al.*, «Dream Recall, Nightmare Frequency, and Nocturnal Panic Attacks in Patients with Panic Disorder», en *The Journal of Nervous and Mental Disease*, agosto de 2001.

Schredl, M., *et al.*, «Dreaming about Cats: An Online Survey», en *Dreaming*, 13 de septiembre de 2021.

Schredl, M., *et al.*, «Erotic Dreams and Their Relationship to Waking-life Sexuality», en *Sexologies*, 24 de junio de 2008.

Schredl, M., *et al.*, «Information Processing during Sleep: The Effect of Olfactory Stimuli on Dream Content and Dream Emotions», en *Journal of Sleep Research*, 2009.

Schredl, M., *et al.*, «Nightmare Frequency in Last Trimester of Pregnancy», en *BMC Pregnancy and Childbirth*, 2016.

Schredl, M., *et al.*, «Work-related Dreams: An Online Survey», en *Clocks & Sleep*, 2020.

Schredl, M., Funhouser, A., y Arn, N., «Dreams of Truck Drivers: A Test of the Continuity Hypothesis of Dreaming», en *Imagination, Cognition and Personality*, 2005.

Schwartz, S., Clerget, A., y Perogamvros, L., «Enhancing Imagery Rehearsal Therapy for Nightmares with Targeted Memory Reactivation», en *Current Biology*, 2022.

Selimbeyoglu, A., y Parvizi, J., «Electrical Stimulation of the Human Brain: Perceptual and Behavioral Phenomena Reported in the Old and New Literature», en *Frontiers in Human* Neuroscience, 31 de mayo de 2010.

Selterman, D., Apetroaia, A., y Waters, E., «Script-like Attachment Representations in Dreams Containing Current Romantic Partners», en *Attachment & Human Development*, 2012.

Selterman, D., *et al.*, «Dreaming of You: Behavior and Emotion in Dreams of Significant Others Predict Subsequent Relational Behavior», en *Social Psychological and Personality Science*, 2014.

Serpe, A., y DeCicco, T. L., «An Investigation into Anxiety and Depression in Dream Imagery: The Issue of Co-morbidity», en *International Journal of Dream Research*, 2020.

Serper, Z., «Kurosawa's "Dreams": A Cinematic Reflection of a Traditional Japanese Context», en *Cinema Journal*, 2001.

Sharpless, B. A., y Doghramji, K., «Commentary: How to Make the Ghosts in My Bedroom Disappear? Focused-attention Meditation Combined with Muscle Relaxation (MR Therapy). A Direct Treatment Intervention for Sleep Paralysis», en *Frontiers in Psychology*, 3 de abril de 2017.

Shen, Y., *et al.*, «Emergence of Sexual Dreams and Emission Following Deep Transcranial Magnetic Stimulation over the Medial Prefrontal and Cingulate Cortices», en *CNS & Neurological Disorders—Drug Targets*, 2021.

Siclari, F., *et al.*, «The Neural Correlates of Dreaming», en *Nature Neuroscience*, 10 de abril de 2017.

Siegel, J. M., «The REM Sleep-memory Consolidation Hypothesis», en *Science*, 2001.

Sikka, P., *et al.*, «EEG Frontal Alpha Asymmetry and Dream Affect: Alpha Oscillations Over the Right Frontal Cortex during REM Sleep and Presleep Wakefulness Predict Anger in REM Sleep Dreams», en *The Journal of Neuroscience*, 12 de junio de 2019.

Simard, V., *et al.*, «Longitudinal Study of Bad Dreams in Preschool-aged Children: Prevalence, Demographic Correlates, Risk and Protective Factors», en *Sleep*, 2008.

Simor, P., *et al.*, «Electroencephalographic and Autonomic Alterations in Subjects with Frequent Nightmares during Pre-and Post-REM Periods», en *Brain and Cognition*, 2014.

Simor, P., *et al.*, «Impaired Executive Functions in Subjects with Frequent Nightmares as Reflected by Performance in Different Neuropsychological Tasks», en *Brain and Cognition*, 2012.

Singh, A., *et al.*, «Evoked Midfrontal Activity Predicts Cognitive Dysfunction in Parkinson's Disease», en *MedRxIV*, 2022.

Singh, S., *et al.*, «Parasomnias: A Comprehensive Review», en *Cureus*, 31 de diciembre de 2018.

Smallwood, J., y Schooler, J. W., «The Science of Mind Wandering: Empirically Navigating the Stream of Consciousness», en *Annual Review of Psychology*, 2015.

Smith, C., y Newfield, D-M., «Content Analysis of the Dreams of a Medical Intuitive», en *Explore*, 2022.

Smith, R. C., «A Possible Biologic Role of Dreaming», en *Psychotherapy and Psychosomatics*, 1984.

Smith, R. C., «Do Dreams Reflect a Biological State?» en *The Journal of Nervous and Mental Disease*, 1987.

Solms, M., «Dreaming and REM Sleep Are Controlled by Different Brain Mechanisms», en *Behavioral and Brain Sciences*, 2000.

Solomonova, E., *et al.*, «Stuck in a Lockdown: Dreams, Bad Dreams, Nightmares, and Their Relationship to Stress, Depression and Anxiety during the COVID-19 Pandemic», en *PLOS One*, 24 de noviembre de 2021.

Song, T.-H., *et al.*, «Nightmare Distress as a Risk Factor for Suicide among Adolescents with Major Depressive Disorder», en *Nature and Science of Sleep*, septiembre de 2022.

Spanò, Goffredina, *et al.*, «Dreaming with Hippocampal Damage», en *eLife*, 2020.

Sparrow, G., *et al.*, «Exploring the Effects of Galantamine Paired with Meditation and Dream Reliving on Recalled Dreams: Toward an Integrated Protocol for Lucid Dream Induction and Nightmare Resolution», en *Consciousness and Cognition*, 2018.

Speth, J., Frenzel, C. y Voss, U., «A Differentiating Empirical Linguistic Analysis of Dreamer Activity in Reports of EEG-controlled REM-dreams and Hypnagogic Hallucinations», en *Consciousness and Cognition*, 2013.

Spoormaker, V. I., «A Cognitive Model of Recurrent Nightmares», en *International Journal of Dream Research*, 2008.

Spoormaker, V. I., y Van den Bout, J., «Lucid Dreaming Treatment for Nightmares: A Pilot Study», en *Psychotherapy and Psychosomatics*, 2006.

Spoormaker, V. I., Schredl, Michael, y Van den Bout, J., «Nightmares: From Anxiety Symptom to Sleep Disorder», en *Sleep Medicine Reviews*, 2006.

Spoormaker, V. I., Van den Bout, J., y Meijer, E. J. G., «Lucid Dreaming Treatment for Nightmares: A Series of Cases», en *Dreaming*, 2003.

Sridharan, D., Levitin, D. J., y Menon, V., «A Critical Role for the

Right Fronto-insular Cortex in Switching between Central-executive and Default-mode Networks», en *Proceedings of the National Academy of Sciences*, 26 de agosto de 2008.

Stallman, H. M., Kohler, M., White, J., «Medication Induced Sleepwalking: A Systematic Review», en *Sleep Medicine Reviews*, 2018.

Staunton, H., «The Function of Dreaming», en *Reviews in the Neurosciences*, 2001.

Sterpenich, V., *et al.*, «Fear in Dreams and in Wakefulness: Evidence for Day/Night Affective Homeostasis», en *Human Brain Mapping*, 2020.

Stickgold, R., Zadra, A., y Haar, A. J. H., «Advertising in Dreams Is Coming: Now What?», en *DxE*, 8 de junio de 2021.

Stocks, A., *et al.*, «Dream Lucidity Is Associated with Positive Waking Mood», en *Consciousness and Cognition*, 2020.

Stuck, B. A., *et al.*, «Chemosensory Stimulation during Sleep. Arousal Responses to Gustatory Stimulation», en *Neuroscience*, 2016.

Stumbrys, T., «The Luminous Night of the Soul: The Relationship between Lucid Dreaming and Spirituality», en *International Journal of Transpersonal Studies*, 2021.

Stumbrys, T., y Daniels, M., «An Exploratory Study of Creative Problem Solving in Lucid Dreams: Preliminary Findings and Methodological Considerations», en *International Journal of Dream Research*, 2010.

Stumbrys, T., y Erlacher, D., «Applications of Lucid Dreams and Their Effects on the Mood Upon Awakening», en *International Journal of Dream Research*, 2016.

Stumbrys, T., Erlacher, D., y Schredl, M., «Effectiveness of Motor Practice in Lucid Dreams: A Comparison with Physical and Mental Practice», en *Journal of Sports Sciences*, 2016.

Stumbrys, T., Erlacher, D., y Schredl, M., «Testing the Involvement of the Prefrontal Cortex in Lucid Dreaming: A tDCS Study», en *Consciousness and Cognition*, 2013.

Stumbrys, T., *et al.*, «Induction of Lucid Dreams: A Systematic Review of Evidence», en *Consciousness and Cognition*, 2012.

Stumbrys, T., *et al.*, «The Phenomenology of Lucid Dreaming: An Online Survey», en *The American Journal of Psychology*, verano de 2014.

Suarez, R. O., *et al.*, «Contributions to Singing Ability by the Posterior Portion of the Superior Temporal Gyrus of the Non-language dominant Hemisphere: First Evidence from Subdural Cortical Stimulation, Wada Testing, and fMRI», en *Cortex*, 2010.

Szabadi, E., Reading, P. J., y Pandi-Perumal, S. R., «Editorial: The Neuropsychiatry of Dreaming: Brain Mechanisms and Clinical Presentations», en *Frontiers in Neurology*, 25 de marzo de 2021.

Szczepanski, S., y Knight, Robert, «Insights into Human Behavior from Lesions to the Prefrontal Cortex», en *Neuron*, 3 de septiembre de 2014.

Tallon, K., *et al.*, «Mental Imagery in Generalized Anxiety Disorder: A Comparison with Healthy Control Participants», en *Behaviour Research and Therapy*, 2020.

Tan, S., y Fan, J., «A Systematic Review of New Empirical Data on Lucid Dream Induction Techniques», en *Journal of Sleep Research*, 21 de noviembre de 2022.

Titus, C. E., *et al.*, «What Role Do Nightmares Play in Suicide? A Brief Exploration», en Current *Opinion in Psychology*, 2018.

Gorontalo, Z. A., *et al.*, «The Sublaterodorsal Tegmental Nucleus Functions to Couple Brain State and Motor Activity during REM Sleep and Wakefulness», en *Current Biology*, 18 de noviembre de 2019.

Tribl, G. G., *et al.*, «Dream Reflecting Cultural Contexts: Comparing Brazilian and German Diary Dreams and Most Recent Dreams», en *International Journal of Dream Research*, 2018.

Tribl, G. G., Wetter, T. C., y Schredl, Michael, «Dreaming Under Antidepressants: A Systematic Review on Evidence in Depressive Patients and Healthy Volunteers», en *Sleep Medicine Reviews*, 2013.

Trottia, L. M., *et al.*, «Cerebrospinal Fluid Hypocretin and Nightmares in Dementia Syndromes», en *Dementia and Geriatric Cognitive Disorders Extra*, 2021.

Tselebis, A., Zoumakis, E., y Ilias, I., «Dream Recall/Affect and the Hypothalamic-Pituitary-Adrenal Axis», en *Clocks & Sleep*, 22 de julio de 2021.

Uguccioni, G., *et al.*, «Fight or Flight? Dream Content during Sleepwalking/Sleep Terrors vs Rapid Eye Movement Sleep Behavior Disorder», en *Sleep Medicine*, 2013.

Uitermarkt, B., *et al.*, «Rapid Eye Movement Sleep Patterns of Brain Activation and Deactivation Occur within Unique Functional Networks», en *Human Brain Mapping*, 23 de junio de 2020.

Ünal, G., y Hohenberger, A., «The Cognitive Bases of the Development of Past and Future Episodic Cognition in Preschoolers», en *Journal of Experimental Child Psychology*, 20 de junio de 2017.

Vaillancourt-Morel, M.-P., *et al.*, «Targets of Erotic Dreams and Their Associations with Waking Couple and Sexual Life», en *Dreaming*, 2021.

Vallat, R., *et al.*, «High Dream Recall Frequency Is Associated with Increased Creativity and Default Mode Network Connectivity», en *Nature and Science of Sleep*, 22 de febrero de 2022.

Valli, K., y Revonsuo, A., «The Threat Simulation Theory in Light of Recent Empirical Evidence: A Review», en *The American Journal of Psychology*, 2009.

Valli, K., *et al.*, «Dreaming Furiously? A Sleep Laboratory Study on the Dream Content of People with Parkinson's Disease and with or without Rapid Eye Movement Sleep Behavior Disorder», en *Sleep Medicine*, 2015.

Valli, K., *et al.*, «The Threat Simulation Theory of the Evolutionary Function of Dreaming: Evidence from Dreams of Traumatized Children», en *Consciousness and Cognition*, 2005.

Van Gaal, S., *et al.*, «Unconscious Activation of the Prefrontal No-go Network», en *The Journal of Neuroscience*, 17 de marzo de 2010.

Van Liempt, S., *et al.*, «Impact of Impaired Sleep on the Development of PTSD Symptoms in Combat Veterans: A Prospective Longitudinal Cohort Study», en *Depression and Anxiety*, 2013.

Van Rijn, E., *et al.*, «Daydreams Incorporate Recent Waking Life Concerns but Do Not Show Delayed ("Dream-lag") Incorporations», en *Consciousness and Cognition*, 2018.

Van Rijn, E., *et al.*, «The Dream-lag Effect: Selective Processing of Personally Significant Events during Rapid Eye Movement Sleep, but Not during Slow Wave Sleep», en *Neurobiology of Learning and Memory*, 2015.

Versace, F., *et al.*, «Brain Responses to Erotic and Other Emotional Stimuli in Breast Cancer Survivors with and without Distress about Low Sexual Desire: A Preliminary fMRI Study», en *Brain Imaging and Behavior*, diciembre de 2013.

Vetrugno, R., Arnulf, I., y Montagna, P., «Disappearance of 'Phantom Limb' and Amputated Arm Usage during Dreaming in REM Sleep Behaviour Disorder», en *British Medical Journal Case Reports*, 2009.

Vicente, R., *et al.*, «Enhanced Interplay of Neuronal Coherence and Coupling in the Dying Human Brain», en *Frontiers in Aging Neuroscience*, 22 de febrero de 2022.

Vignal, J-P., *et al.*, «The Dreamy State: Hallucinations of Autobiographic Memory Evoked by Temporal Lobe Stimulations and Seizures», en *Brain*, 2007.

Vitali, H., *et al.*, «The Vision of Dreams: From Ontogeny to Dream Engineering in Blindness», en *Journal of Clinical Sleep Medicine*, 1 de agosto de 2022.

Voss, U., *et al.*, «Induction of Self Awareness in Dreams Through Frontal Low Current Stimulation of Gamma Activity», en *Nature Neuroscience*, 2014.

Voss, U., *et al.*, «Lucid Dreaming: A State of Consciousness with Features of Both Waking and Non-lucid Dreaming», en *Sleep*, 2009.

Voss, U., *et al.*, «Waking and Dreaming: Related but Structurally Independent. Dream Reports of Congenitally Paraplegic and Deaf-Mute Persons», en *Consciousness and Cognition*, 2011.

Walker, M. P., «Sleep-dependent Memory Processing», en *Harvard Review of Psychiatry*, 2008.

Wamsley, E., «Dreaming and Offline Memory Consolidation», en *Current Neurology and Neuroscience Reports*, 2014.

Wamsley, E., *et al.*, «Delusional Confusion of Dreaming and Reality in Narcolepsy», en *Sleep*, febrero de 2014.

Wang, J. X., *et al.*, «A Paradigm for Matching Waking Events into Dream Reports», en *Frontiers in Psychology*, 3 julio de 2020.

Wang, J. X., y Shen, H Y, «An Attempt at Matching Waking Events into Dream Reports by Independent Judges», en *Frontiers in Psychology*, 6 de abril de 2018.

Ward, A. M., «A Critical Evaluation of the Validity of Episodic Future Thinking: A Clinical Neuropsychology Perspective», en *Neuropsychology*, 2016.

Wassing, R., *et al.*, «Restless REM Sleep Impedes Overnight Amygdala Adaptation», en *Current Biology*, 2019.

Watanabe, T., «Causal Roles of Prefrontal Cortex during Spontaneous Perceptual Switching Are Determined by Brain State Dynamics», en *eLife*, 2021.

Waters, F., Barnby, J. M., y Blom, J. D., «Hallucination, Imagery, Dreaming: Reassembling Stimulus-independent Perceptions Based on Edmund Parish's Classic Misperception Framework», en *Philosophical Transactions of the Royal Society*, 2020.

Waters, F., *et al.*, «What Is the Link between Hallucinations, Dreams, and Hypnagogic-Hypnopompic Experiences?», en *Schizophrenia Bulletin*, 2016.

Watkins, N. W., «(A)phantasia and Severely Deficient Autobiographical Memory: Scientific and Personal Perspectives», en *Cortex*, 2018.

Wicken, M., Keogh, R. y Pearson, J., «The Critical Role of Mental Imagery in Human Emotion: Insights from Fear-based Imagery and Aphantasia», en *Proceedings of the Royal Society B*, 2021.

Windt, J. M., y Noreika, V., «How to Integrate Dreaming into a General Theory of Consciousness. A Critical Review of Existing Positions and Suggestions for Future Research», en *Consciousness and Cognition*, 2011.

Winlove, C. I. P., *et al.*, «The Neural Correlates of Visual Imagery: A Co-ordinate-based Meta-analysis», en *Cortex*, 2018.

Wittmann, L., Schredl, M., y Kramer, M., «Dreaming in Posttraumatic Stress Disorder: A Critical Review of Phenomenology, Psychophysiology and Treatment», en *Psychotherapy and Psychosomatics*, 2007.

Wright, S. T., *et al.*, «The Impact of Dreams of the Deceased on Bereavement: A Survey of Hospice Caregivers», en *American Journal of Hospice and Palliative Medicine*, 2014.

Wyatt, R. J., *et al.*, «Total Prolonged Drug-induced REM Sleep Suppression in Anxious-depressed Patients», en *Archives of General Psychiatry*, 1971.

Yamaoka, A., y Yukawa, S., «Does Mind Wandering during the Thought Incubation Period Improve Creativity and Worsen Mood?», en *Psychological Reports*, octubre de 2020.

Yamazaki, R., *et al.*, «Evolutionary Origin of NREM and REM Sleep», en *Frontiers in Psychology*, 2020.

Yin, F., *et al.*, «Typical Dreams of 'Being Chased': A Cross-cultural Comparison between Tibetan and Han Chinese Dreamers», en *Dreaming*, 2013.

Yu, C. K.-C., «Can Students' Dream Experiences Reflect Their Performance in Public Examinations?», en *International Journal of Dream Research*, 2016.

Yu, C. K.-C., «Imperial Dreams and Oneiromancy in Ancient China. We Share Similar Dream Motifs with Our Ancestors Living Two Millennia Ago», en *Dreaming*, 2022.

Yu, C. K.-C., y Fu, W., «Sex Dreams, Wet Dreams, and Nocturnal Emissions», en *Dreaming*, 2011.

Zadra, A., Pilon, M., y Donderi, D. C., «Variety and Intensity of Emotions in Nightmares and Bad Dreams», en *The Journal of Nervous and Mental Disease*, abril de 2006.

Zeman, A., *et al.*, «Phantasia. The Psychological Significance of Lifelong Visual Imagery Vividness Extremes», en *Cortex*, 2020.

Zeman, A, MacKisack, M., y Onians, J., «The Eye's Mind. Visual

Imagination, Neuroscience and the Humanities», en *Cortex*, 2018.

Zink, N., y Pietrowsky, R., «Relationship between Lucid Dreaming, Creativity and Dream Characteristics», en *International Journal of Dream Research*, 2013.

Notas

Introducción. Nuestra dosis nocturna de asombro

1. Byron, G. G., lord, «The Dream», en public-domain-poetry.com/george-gordon-byron/dream-10617 (trad. cast., https://misiglo.es/2011/01/12/invierno-2011-2-el-sueno/).

Capítulo 1. Hemos evolucionado para soñar

1. Pace-Schott, E. F., «Dreaming as a Storytelling Instinct», en *Frontiers in Psychology*, 2 de abril de 2013.
2. Hall, C. S., y Van de Castle, R. L., *The Content Analysis of Dreams, Appleton-Century-Crofts*, 1966.
3. Domhoff, W. y Schneider, A., «Are Dreams Social Simulations? Or Are They Enactments of Conceptions and Personal Concerns? An Empirical and Theoretical Comparison of Two Dream Theories», en *Dreaming*, 2018.
4. Bowe-Anders, C., *et al.*, «Effects of Goggle-altered Color Perception on Sleep», en *Perceptual and Motor Skills*, febrero de 1974.
5. De Koninck, J., *et al.*, «Vertical Inversion of the Visual Field and REM Sleep Mentation», en Journal of Sleep Research, marzo de 1996.
6. Arnulf, I., *et al.*, «Will Students Pass a Competitive Exam That They Failed in Their Dreams?», en *Consciousness and Cognition*, octubre de 2014.
7. Van der Helm, E., *et al.*, «REM Sleep Depotentiates Amygdala Activi-

ty to Previous Emotional Experiences», en *Current Biology*, 6 de diciembre de 2011.

8. Cartwright, R., *et al.*, «Broken Dreams: A Study of the Effects of Divorce and Depression on Dream Content», en *Psychiatry*, 1984.

9. Flinn, M. V., «The Creative Neurons», en *Frontiers in Psychology*, 22 de noviembre de 2021.

10. Hoel, E., «The Overfitted Brain: Dreams Exist to Assist Generalization», en *Patterns*, 14 de mayo de 2021.

Capítulo 2. Las pesadillas son necesarias

1. «Nightmare on Science Street», en *Science Vs*, pódcast, 9 de junio de 2022.

2. Elder, R., «Speaking Secrets: Epilepsy, Neurosurgery, and Patient Testimony in the Age of the Explorable Brain, 1934-1960», en *Bulletin of the History of Medicine*, invierno de 2015.

3. Hublin, C., *et al.*, «Nightmares: Familial Aggregation and Association with Psychiatric Disorders in a Nationwide Twin Cohort», en *American Journal of Medical Genetics*, 25 de octubre de 2002.

4. Moore, R. S., *et al.*, «Piwi/PRG-1Argonaute and TGF-â Mediate Transgenerational Learned Pathogenic Avoidance», en *Cell*, 13 de junio de 2019.

5. Arzy, S., *et al.*, «Induction of an Illusory Shadow Person», en *Nature*, septiembre de 2006.

6. Krakow, B., *et al.*, «Imagery Rehearsal Therapy for Chronic Nightmares in Sexual Assault Survivors with Posttraumatic Stress Disorder: A Randomized Controlled Trial», en *Journal of the American Medical Association*, 1 de agosto de 2001.

Capítulo 3. Sueños eróticos: encarnar el deseo

1. Quian Quiroga, R., «Single- neuron Recordings in Epileptic Patients», en *Advances in Clinical Neuroscience and Rehabilitation*, julio/agosto de 2009.

2. DreamBank.net, una colección de más de 20000 autoinformes de sueño que permite búsquedas.

3. Chen, W., *et al.*, «Development of a Structure-validated Sexual Dream

Experience Questionnaire (SDEQ) in Chinese University Students», en *Comprehensive Psychiatry*, enero de 2015.

4. Selterman, D. F., *et al.*, «Dreaming of You: Behavior and Emotion in Dreams of Significant Others Predict Subsequent Relational Behavior», en *Social Psychological and Personality Science*, 6 de mayo de 2013.

5. Domhoff, G. W., «Barb Sanders: Our Best Case Study to Date, and One That Can Be Built Upon», en dreams.ucsc.edu/Findings/barb_sanders.html, sin fecha.

Capítulo 4. Los sueños y la creatividad: cómo soñar libera a nuestro creativo interior

1. Dement, W., *Some Must Watch While Some Must Sleep*, W. H. Freemont & Co., 1972, pp. 99-101.

2. Liu, S., *et al.*, «Brain Activity and Connectivity during Poetry Composition: Toward a Multidimensional Model of the Creative Process», en *Human Brain Mapping*, 26 de mayo de 2015.

3. Cai, D. J., *et al.*, «REM, Not Incubation, Improves Creativity by Priming Associative Networks», en *Proceedings of the National Academy of Sciences*, 23 de junio de 2009.

4. Mason, R. A., y Just, M. A., «Neural Representations of Procedural Knowledge», en *Psychological Science*, 12 de mayo de 2020.

5. Hartmann, E., *et al.*, «Who Has Nightmares? The Personality of the Lifelong Nightmare Sufferer», en *Archives of General Psychiatry*, enero de 1987.

6. Barrett, D., «Dreams and Creative Problem-solving», en *Annals of the New York Academy of Sciences*, 22 de junio de 2017.

7. «BAFTA Screenwriters' Lecture Series», 30 de septiembre de 2011, youtube.com.

8. Dalí, S., *50 secretos mágicos para pintar*, Noguer y Caralt, 1974.

9. Lacaux, C., *et al.*, «Sleep Onset Is a Creative Sweet Spot», en *Science Advances*, 8 de diciembre de 2021.

10. Horowitz, A. H., *et al.*, «Dormio: A Targeted Dream Incubation Device», en *Consciousness and Cognition*, agosto de 2020.

Capítulo 5. Los sueños y la salud: qué revelan los sueños acerca de nuestro bienestar

1. Kasatkin, V., *A Theory of Dreams*, en lulu.com, 27 de mayo de 2014.

2. Rozen, N., y Soffer-Dudek, N., «Dreams of Teeth Falling Out: An Empirical Investigation of Physiological and Psychological Correlates», en *Frontiers in Psychology*, 26 de septiembre de 2018.

3. Cartwright, R., «Dreams and Adaptation to Divorce», en Barrett, D. (comp.), *Trauma and Dreams*, Harvard University Press, 1996, pp. 179-185.

4. Hill, C., y Knox, S., «The Use of Dreams in Modern Psychotherapy», en *International Review of Neurobiology*, 2010.

5. Duffey, T. H., *et al.*, «The Effects of Dream Sharing on Marital Intimacy and Satisfaction», en *Journal of Couple & Relationship Therapy*, 25 de septiembre de 2008.

6. DeHart, D., «Cognitive Restructuring Through Dreams and Imagery: Descriptive Analysis of a Women's Prison-based Program», en *Journal of Offender Rehabilitation*, 22 de diciembre de 2009.

7. Blagrove, M., *et al.*, «Testing the Empathy Theory of Dreaming: The Relationships between Dream Sharing and Trait and State Empathy», en *Frontiers in Psychology*, 20 de junio de 2019.

8. Ullman, M., «The Experiential Dream Group: Its Application in the Training of Therapists», en *Dreaming*, diciembre de 1994.

9. Cartwright, R., *et al.*, «REM Sleep Reduction, Mood Regulation and Remission in Untreated Depression», en *Psychiatry Research*, 1 de diciembre de 2003.

10. Da Silva, T. R. y Nappo, S. A, «Crack Cocaine and Dreams: The View of Users», en *Ciencia & Saude Coletiva*, 24 de marzo de 2019.

11. «The Dreaming Mind: Waking the Mysteries of Sleep», en *World Science Festival*, 17 de noviembre de 2022, youtube.com.

12. Van der Kolk, B., *The Body Keeps the Score: Brain, Mind, and Body in the Healing of Trauma*, Viking, 2014 (trad. cast. *El cuerpo lleva la cuenta*, Eleftheria, 2023).

13. Hartmann, E., «Nightmare after Trauma as Paradigm for All Dreams: A New Approach to the Nature and Functions of Dreaming», en *Psychiatry: Interpersonal and Biological Processes*, 1998.

14. Li, H., *et al.*, «Neurotensin Orchestrates Valence Assignment in the Amygdala», en *Nature*, 18 de agosto de 2022.

Capítulo 6. Los sueños lúcidos: un híbrido de la mente despierta y de la mente que sueña

1. Hearne, K. M. T., «Lucid Dreams: An Electro-physiological and Psychological Study», tesis doctoral, Universidad de Liverpool, mayo de 1978.

2. Worsley, A., «Alan Worsley's Work on Lucid Dreaming», en *Lucidity Letter*, 1991.

3. Hearne, K. M. T., *The Dream Machine: Lucid Dreams and How to Control Them*, Aquarian Press, 1990.

4. Mallett, R., «Partial Memory Reinstatement while (Lucid) Dreaming to Change the Dream Environment», en *Consciousness and Cognition*, 2020.

5. LaBerge, S., «Lucid Dreaming and the Yoga of the Dream State: A Psychophysiological Perspective», en Wallace, B. A. (comp.), *Buddhism and Science: Breaking New Ground*, Columbia University Press, 2003, p. 233.

6. «Lucid Dreaming with Ursula Voss», en *Science & Cocktails*, youtube.com.

7. Zhunusova, Z., Raduga, M., y Shashkov, A., «Overcoming Phobias by Lucid Dreaming», en *Psychology of Consciousness: Theory, Research, and Practice*, 2022.

8. Erlacher, D., Stumbrys, T., y Schredl, M., «Frequency of Lucid Dreams and Lucid Dream Practice in German Athletes», en *Imagination, Cognition and Personality*, febrero de 2012.

9. Schädlich, M., Erlacher, D., y Schredl, M., «Improvement of Darts Performance following Lucid Dream Practice Depends on the Number of Distractions while Rehearsing within the Dream—A Sleep Laboratory Pilot Study», en *Journal of Sports Sciences*, 22 de diciembre de 2016.

10. Schädlich, M. y Erlacher, D., «Lucid Music—A Pilot Study Exploring the Experiences and Potential of Music-making in Lucid Dreams», en *Dreaming*, 2018.

11. «The Dreaming Mind: Waking the Mysteries of Sleep», e World Science Festival, youtube.com.

12. Stumbrys, T., y Daniels, M., «An Exploratory Study of Creative Problem Solving in Lucid Dreams: Preliminary Findings and Methodological Considerations», en *International Journal of Dream Research*, noviembre de 2010.

13. «The Dreaming Mind: Waking the Mysteries of Sleep», en *World Science Festival*, youtube.com.

14. Konkoly, K. R., *et al.*, «Real-time Dialogue between Experimenters and Dreamers during REM Sleep», en *Current Biology*, 12 de abril de 2021.

15. Raduga, M., «"I Love You": The First Phrase Detected from Dreams», en *Sleep Science*, 2022.

Capítulo 7. Cómo inducir sueños lúcidos

1. Erlacher, D., Stumbrys, T., y Schredl, M., «Frequency of Lucid Dreams and Lucid Dream Practice in German Athletes», en *Imagination, Cognition and Personality*, febrero de 2012.

2. Cosmic Iron, «Senses Initiated Lucid Dream (SSILD) Official Tutorial», en cosmiciron.blogspot.com/2013/01/senses-initiated-luciddream-ssild_16.html.

3. Appel, K., «Inducing Signal-verified Lucid Dreams in 40% of Untrained Novice Lucid Dreamers within Two Nights in a Sleep Laboratory Setting», en *Consciousness and Cognition*, agosto de 2020.

4. LaBerge, S., LaMarca, K., y Baird, B., «Pre-sleep Treatment with Galantamine Stimulates Lucid Dreaming: A Double-blind, Placebo-controlled, Crossover Study», en *PLOS One*, 2018.

5. LaBerge, S., y Levitan, L., «Validity Established of DreamLight Cues for Eliciting Lucid Dreaming», en *Dreaming*, 1995.

6. Mota-Rolim, S. A., *et al.*, «Portable Devices to Induce Lucid Dreams—Are They Reliable?», en *Frontiers in Neuroscience*, 8 de mayo de 2019.

Capítulo 8. El futuro de los sueños

1. «Yukiyasu Kamitani (Kyoto University), Deep Image Reconstruction from the Human Brain», en youtube.com.

2. Huth, A. G., *et al.*, «Natural Speech Reveals the Semantic Maps That Tile Human Cerebral Cortex», en *Nature*, 27 de abril de 2016.

3. Popham, S. F., *et al.*, «Visual and Linguistic Semantic Representations Are Aligned at the Border of Human Visual Cortex», en *Nature Neuroscience*, noviembre de 2021.

4. Shanahan, L. K., *et al.*, «Odor-evoked Category Reactivation in Human Ventromedial Prefrontal Cortex during Sleep Promotes Memory Consolidation», en *Neuroscience*, 18 de diciembre de 2018.

5. Arzi, A., *et al.*, «Olfactory Aversive Condition during Sleep Reduces Cigarette-smoking Behavior», en *The Journal of Neuroscience*, 12 de noviembre de 2014.

6. Mahdavi, M., Fatehi-Rad, N., y Barbosa, B., «The Role of Dreams of Ads in Purchase Intention», en *Dreaming*, 2019.

7. Ai, S., *et al.*, «Promoting Subjective Preferences in Simple Economic Choices during Nap», en *eLife*, 6 de diciembre de 2018.

8. *The Risks and Challenges of Neurotechnologies for Human Rights*, Unesco, 2023.

9. «Rafael Yuste: "Let's Act Before It's Too Late"», en en.unesco.org/courier/2022-1/rafael-yuste-lets-act-its-too-late, 2022.

Capítulo 9. Interpretar los sueños

1. Malinowski, J., y Horton, C. L., «Dreams Reflect Nocturnal Cognitive Processes: Early- night Dreams Are More Continuous with Waking Life, and Late-night Dreams Are More Emotional and Hyperassociative», en *Consciousness and Cognition*, 2021.

2. Hartmann, E., «The Underlying Emotion and the Dream: Relating Dream Imagery to the Dreamer's Underlying Emotion Can Help Elucidate the Nature of Dreaming », en *International Review of Neurobiology*, 2010.

3. Breger, L., Hunter, I., y Lane, R., «The Effect of Stress on Dreams», en *Psychological Issues*, 1971.

4. Hartmann, E., «The Underlying Emotion and the Dream: Relating Dream Imagery to the Dreamer's Underlying Emotion Can Help Elucidate the Nature of Dreaming», en *International Review of Neurobiology*, 2010.

5. Truscott, R., «Mandela's Dreams», en africasacountry.com/2018/11/mandelas-dreams, 15 de noviembre de 2018.

Índice analítico y de materias

De este libro me quedo con...

¿Por qué soñamos? ha sido posible gracias al trabajo de su autor, el doctor Rahul Jandial, así como de la traductora Montserrat Asensio, la correctora Alicia Conde, el diseñador José Ruiz-Zarco, el equipo de Realización Planeta, la directora editorial Marcela Serras, la editora ejecutiva Rocío Carmona, la editora Ana Marhuenda, y el equipo comercial, de comunicación y marketing de Diana.

En Diana hacemos libros que fomentan el autoconocimiento e inspiran a los lectores en su propósito de vida. Si esta lectura te ha gustado, te invitamos a que la recomiendes y que así, entre todos, contribuyamos a seguir expandiendo la conciencia.